**Berichte aus dem
Institut für Umformtechnik
der Universität Stuttgart
Herausgeber:
Prof. em. Dr.-Ing. Dr. h.c. K. Lange**

107

Andreas Gräber

Weiterentwicklung des Torsionsversuches in Theorie und Praxis

Mit 65 Abbildungen und 4 Tabellen

Springer-Verlag
Berlin Heidelberg GmbH 1990

Dipl.-Ing. Andreas Gräber
Institut für Umformtechnik
Universität Stuttgart

Dr.-Ing. Dr. h. c. Kurt Lange
o. Professor em. an der Universität Stuttgart
Institut für Umformtechnik

D 93

ISBN 978-3-540-52817-3   ISBN 978-3-662-10889-5 (eBook)
DOI 10.1007/978-3-662-10889-5

2362/3020—543210

GELEITWORT DES HERAUSGEBERS

Die Umformtechnik zeichnet sich durch sehr gute Werkstoffaus-
wertung und hohe Mengenleistung in der Serienfertigung gegenüber anderen Fertigungsverfahren aus, wobei Beibehaltung der
Masse, Änderung der Festigkeitseigenschaften während eines Vorgangs und elastische Rückfederung der Werkstücke nach einem
Vorgang wesentliche Merkmale sind. Weiter sind die benötigten
Kräfte, Arbeiten und Leistungen sehr viel größer als z.B. bei
spanenden Verfahren. Die sichere Beherrschung eines Verfahrens
in der industriellen Fertigung und die zunehmende Forderung
nach Vermeidung bzw. Minimierung spanender Nacharbeit erzwingen
die geschlossene Betrachtung des Systems "Umformende Fertigung"
unter zentraler Berücksichtigung plastizitätstheoretischer,
werkstoffkundlicher und tribologischer Grundlagen.

Das Institut für Umformtechnik der Universität Stuttgart stellt
entsprechend Forschung und Entwicklung zum einen auf die Erar-
beitung von Grundlagenwissen in diesen Bereichen ab, zum anderen
untersucht und entwickelt es Verfahren unter Anwendung speziel-
ler Meßtechniken mit dem Ziel einer genauen quantitativen Ermittlung des Einflusses der Parameter von Vorgang, Werkstoff,
Werkzeug und Maschine. Die Behandlung von Problemen des Maschi-
nenverhaltens, der Maschinenkonstruktion sowie der Werkzeugaus-
legung und -beanspruchung, der Auswahl hochbeanspruchbarer,
verschleißfester Werkzeugbaustoffe und schließlich der Tribo-
logie gehört entsprechend ebenfalls zum Arbeitsgebiet, das
durch die Erfassung organisatorischer und betriebswirtschaft-
licher Fragen abgerundet wird.

Im Rahmen der "Berichte aus dem Institut für Umformtechnik" erscheinen in zwangloser Folge jährlich mehrere Bände, in denen
über einzelne Themen ausführlich berichtet wird. Dabei handelt
es sich vornehmlich um Abschlußberichte von Forschungsvorhaben,
Dissertationen, aber gelegentlich auch um andere Texte. Diese
Berichte sollen den in der Praxis stehenden Ingenieuren und
Wissenschaftlern zur Weiterbildung dienen und eine Hilfe bei
der Lösung umformtechnischer Aufgaben sein. Für die Studieren-

den bieten sie die Möglichkeit zur Vertiefung der Kenntnisse.
Die seit zwei Jahrzehnten bewährte freundschaftliche Zusammen-
arbeit mit dem Springer-Verlag sehe ich als beste Voraussetzung
für das Gelingen dieses Vorhabens an.

                                        Kurt Lange

<u>V o r w o r t</u>

Die vorliegende Dissertation entstand während meiner Tätig-
keit als wissenschaftlicher Mitarbeiter am Institut für Umformtechnik der Universität Stuttgart.

Herrn Professor em. Dr.-Ing. Dr. h.c. K. Lange danke ich
herzlich für die wohlwollende Förderung und Unterstützung
bei der Durchführung dieser Arbeit.

Herrn Professor Dr.-Ing. O. Pawelski danke ich für seine Be-
reitschaft zur kritischen Durchsicht und für die Übernahme
des Mitberichts.

Herrn Dr.-Ing. habil. K. Pöhlandt gilt mein Dank für wert-
volle Anregungen und für die Betreuung der Arbeit.

Ferner möchte ich mich bei allen Mitarbeiterinnen und Mitar-
beitern des Instituts bedanken, die mich tatkräftig bei der
Durchführung von Untersuchungen und bei der Anfertigung der
Arbeit unterstützt haben.

Die finanziellen Mittel zur Durchführung dieser Untersuchungen wurden von der Deutschen Forschungsgemeinschaft zur Ver-
fügung gestellt. Hierfür sei an dieser Stelle ebenfalls ge-
dankt.

Langenselbold, April 1990

Andreas Gräber

<u>Inhaltsverzeichnis</u>

<u>VERZEICHNIS DER WICHTIGSTEN ABKÜRZUNGEN UND FORMELZEICHEN</u>

<u>Symbole</u>

<u>Zeichen</u>	<u>Einheit</u>	<u>Benennung</u>
a	mm	Probenaußenradius
a_1	mm	Probeninnenradius einer Hohlprobe
A_g	%	Gleichmaßdehnung
A_5	%	Bruchdehnung
C	–	Koeffizient
D^*	–	Koeffizient
$f(\gamma_p, \gamma_p)$	–	Korrekturfunktion
$\overline{f}$	–	Mittelwert von f
j_k	–	Abkürzung
k_f	N/mm²	Fließspannung
k_{f1}	–	Normierungsfaktor
l	mm	Länge der zylindrischen Meßstrecke der Probe
l_w	mm	"wirksame" Länge
M	Nm	Drehmoment
m	–	Dehngeschwindigkeitsexponent
n	–	Verfestigungsexponent
p	–	Summe aus n und m (p-Wert)
r	mm	Radialabstand von der Probenachse
r^*	mm	"kritischer" Radialabstand nach Juferov und Gejko /6/
r_p	mm	"kritischer" Radialabstand
r_k	mm	"kritischer" Radialabstand in bezug auf die Kerbwirkung
R	mm	Übergangsradius Spannbereich-Meßbereich
R_m	N/mm²	Zugfestigkeit
$R_{p0,2}$	N/mm²	Dehngrenze
u	min⁻¹	Drehzahl
Z	%	Brucheinschnürung
z	mm	Abstand von der Mittelebene in Achsrichtung

Zeichen	Einheit	Benennung
α	grd	Winkel zwischen Schraubenlinie und Probenlängsachse
β	-	Koeffizient
γ	-	Schiebung
$\dot{\gamma}$	-	Schiebungsgeschwindigkeit
$\bar{\gamma}$	-	mittlere Schiebung
κ	-	Koeffizient
φ	-	Umformgrad
$\dot{\varphi}$	s^{-1}	Umformgeschwindigkeit
τ	N/mm^2	Schubspannung
ϑ	°C	Temperatur
Θ	grd	Drehwinkel
$\dot{\Theta}$	s^{-1}	Ableitung von Θ nach der Zeit

Indizes

a	im Radialabstand a
a_1	im Radialabstand a_1
B	Bruch-
g	Gleichmaß-
K	unter Berücksichtigung der Kerbwirkung
k	Laufvariable
max	maximal
p	im "kritischen" Radialabstand r_p
r	im Radialabstand
v	Vergleichs-
*	im "kritischen" Radialabstand r^*
0	nullte Näherung
1	erste Näherung
2	zweite Näherung

Abkürzungen

FK	Fließkriterium

0 <u>ZUSAMMENFASSUNG</u>

Die Durchführung des Torsionsversuches wurde im Hinblick auf
Genauigkeit, Auflösung und Temperaturbestimmung an der Probe
verbessert. Im Vordergrund stand außerdem die Anwendung
dünnwandiger hohler Proben, wobei sowohl die Handhabung als
auch die Fertigung dieser Proben optimiert wurde. Da die Ergebnisse des Torsionsversuches empfindlich von Geometrie-
und Oberflächeneinflüssen abhängen, wurden die Proben in einer einzigen Aufspannung durch CNC-Fertigung qualitativ
hochwertig und wirtschaftlich hergestellt.

Eine genaue Auswertungsmethode wurde vom speziellen Fall
massiver Proben auf hohle Proben verallgemeinert. Diese verhältnismäßig einfach anzuwendende Näherungslösung, bei der
Schubspannung und Schiebung nicht für den Außenradius, sondern für einen definierten Radius im Innern der Probe ausgewertet werden, ist um so unabhängiger vom Werkstoff- und Ge-
schwindigkeitsverhalten, je dünnwandiger die Probe gewählt
wird. Außerdem wurde die tatsächlich an der Umformung beteiligte Probenlänge berücksichtigt.

Ein Vergleich mit der herkömmlichen Auswertungsmethode für
den Außenradius zeigte, daß die Näherungslösung unabhängig
von den Versuchsbedingungen einfacher und zuverlässiger an-
zuwenden ist.

Eine Genauigkeitsbetrachtung ergab, daß für Fließkurven, die
vom Exponentialzusammenhang nach Hollomon /1/ abweichen,
eine genaue Ermittlung nur mit dünnwandigen hohlen Proben
möglich ist. Dies gilt insbesondere für sehr unregelmäßige
Fließkurven wie beispielsweise oszillierende Warmfließkurven. Auch für leicht vom Potenzansatz abweichende Fließkurven werden bereits Ungenauigkeiten bei Verwendung massiver
Proben nachgewiesen.

Die theoretisch ermittelte optimale Probengeometrie wurde
anhand zahlreicher Versuche unter verschiedenen Temperaturen

und Geschwindigkeiten im Hinblick auf die Anwendbarkeit
überprüft. Exemplarisch wurden die Werkstoffe 16 MnCr 5,
AlMgSi 1 und CuZn 28 eingesetzt.

Durch die Verwendung genau gefertigter Proben konnten im angewandten Geschwindigkeitsbereich hohe Vergleichsumformgrade
erzielt werden, die im Hinblick auf reale Umformverfahren
von Interesse sind. Das für den Bruchbeginn berechnete Formänderungsvermögen wird ebenfalls in Abhängigkeit verschiedener Versuchsparameter erörtert. Es zeigte sich dabei eine
gute Übereinstimmung von Ergebnissen aus der experimentellen
Schraubenlinienauswertung an der Oberfläche mit den berechneten Werten am "kritischen" Radius.

Darüber hinaus wurde ein Vergleich mit Rastegaev-Stauchver-
suchen in einem weiten Temperaturbereich bei verschiedenen
Umformgeschwindigkeiten mit den Werkstoffen AlMgSi 1 und
16 MnCr 5 durchgeführt. Dabei ergab sich eine gute Korrelation nach Verlauf und Betrag mit den nach der vorgestellten
Auswertungsmethode berechneten Torsionsfließkurven.

1 EINLEITUNG

Die Kenntnis des Umformverhaltens eines metallischen Werkstoffes ist sowohl für die Umformtechnik als auch für die werkstofftechnische Grundlagenforschung von Bedeutung. Das Umformverhalten wird durch das Formänderungsvermögen und die Fließkurve (bzw. Fließortkurve) bestimmt. Die Fließkurve ist Grundlage für die Berechnung des Kraft- und Arbeitsbedarfes technischer Umformverfahren. Insbesondere gewinnen exakte Fließkurvendaten zunehmende Bedeutung im Hinblick auf die numerische Behandlung umformtechnischer Vorgänge. Die experimentelle Bestimmung von Fließkurven erfolgt im Zugversuch sowie im Stauchversuch und im Torsionsversuch.

Der Zugversuch, der gleichzeitig zur Bestimmung von mechanischen Kennwerten dient, ist der bekannteste und einfachste Versuch. Er wird im Bereich kleiner Umformgrade und Umformgeschwindigkeiten verwendet. Der so erhaltene Verlauf der Fließkurve darf zu höheren Umformgraden und Umformgeschwindigkeiten hin extrapoliert werden, wenn vorausgesetzt werden kann, daß sich die Fließkurve analytisch beschreiben läßt. Für die Fließspannung k_f wird oft folgende Gleichung verwendet, die sowohl den Einfluß der Verfestigung als auch den der Umformgeschwindigkeit berücksichtigt:

$$k_f(\varphi, \dot{\varphi}) = k_{f1}\varphi^n \dot{\varphi}^m \tag{1}$$

In diesem Fall reicht der Zugversuch aus, um die zur eindeutigen Bestimmung der Fließkurve notwendigen werkstoffabhängigen Konstanten k_{f1}, n und m zu bestimmen.

Im allgemeinen Fall darf aber Gleichung (1) nur als grobe Näherung angenommen werden, die aufgrund der Versuchsergebnisse zu prüfen und ggf. durch eine verbesserte Näherung zu ersetzen ist. Dann liefert der Zugversuch nicht mehr die erforderliche Information, wenn die Fließkurve bis zu hohen Umformgraden oder bei hohen Umformgeschwindigkeiten bestimmt werden soll. In solchen Fällen wird entweder der Stauchversuch oder der Torsionsversuch eingesetzt.

Ein entscheidender Vorteil des Torsionsversuches ist darin zu sehen, daß während der Umformung die Probengeometrie praktisch unverändert bleibt und der Vorgang völlig reibungsfrei abläuft. Deshalb kann die Umformgeschwindigkeit leicht durch Festlegung der Drehzahl eingestellt und während der Versuche konstant gehalten werden. Wichtig ist dies insbesondere dann, wenn die Fließspannung von der Umformgeschwindigkeit abhängt, wie im Falle der Umformung bei erhöhten Temperaturen. Somit bietet sich der Torsionsversuch insbesondere auch zur Aufnahme von Warmfließkurven bis zu hohen Umformgraden an.

2 STAND DER ERKENNTNISSE UND ZIELSETZUNG

2.1 VORGANG UND SPANNUNGSZUSTAND

Im Torsionsversuch werden für die Aufnahme von Fließkurven
kreiszylindrische (massive oder hohle) Proben verwendet. Dabei wird die Probe durch ein um die Längsachse wirkendes Moment M verdreht (tordiert) und das Drehmoment als Funktion
des Drehwinkels gemessen, wie in Bild 1 schematisch dargestellt.

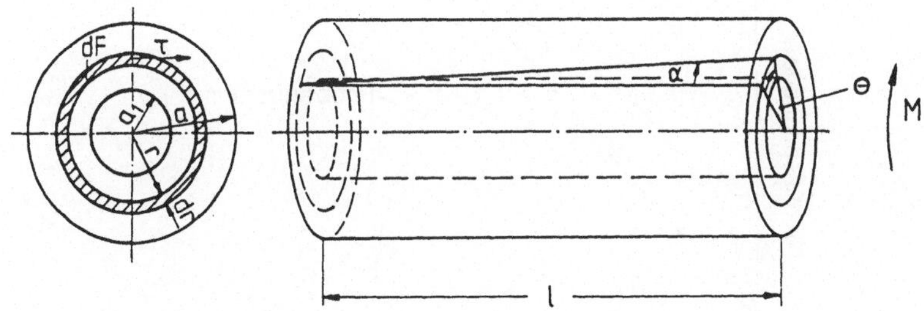

Bild 1: Schematischer Vorgang beim Tordieren einer kreiszylindrischen hohlen Probe.

Die Berechnung der Fließkurve aus den Meßwerten erfolgt in
zwei Schritten. Zuerst wird die Schubspannung aus dem Drehmoment für einen gegebenen Abstand zur Probenachse sowie die
Schiebung aus dem Drehwinkel berechnet. Danach wird die
Fließkurve aus diesen Werten mit Hilfe eines Fließkriteriums
FK ermittelt, so daß Fließspannung und Vergleichsumformgrad
erhalten werden. Die Vorgehensweise kann schematisch folgendermaßen zusammengefaßt werden:

$$M \xrightarrow{} \tau \xrightarrow{FK} k_f$$

$$\Theta \xrightarrow{} \gamma \xrightarrow{FK} \varphi_v$$

Der Spannungsverlauf bei der Torsion eines zylindrischen
Stabes läßt sich durch zwei Grenzfälle darstellen (Bild 2).
Zum einen steigt die Spannung bei rein elastischer Beanspru-
chung linear von null in der Probenachse bis zu einem

Höchstwert am Probenrand (Gerade d) an; zum anderen gilt bei vollplastischer Torsion $\tau = \tau_0$ = konstant (Gerade b). Die reale Schubspannungsverteilung liegt zwischen beiden Grenz-fällen, wobei eine inhomogene Verteilung über dem Quer-schnitt vorliegt (Kurve c) /2/.

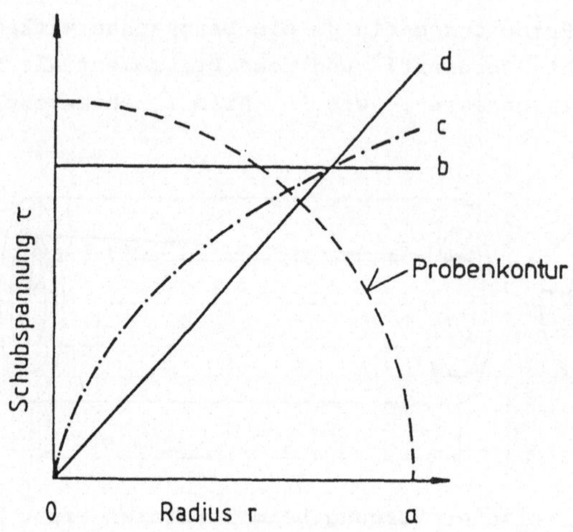

Bild 2: Grenzfälle der Schubspannungsverteilung.

      b: vollplastisch

      c: real

      d: elastisch

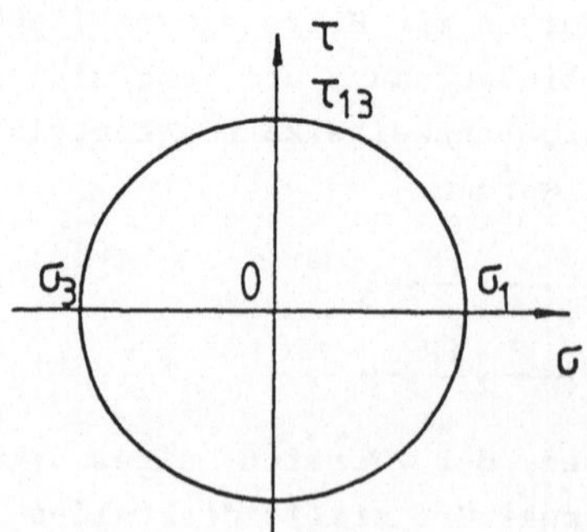

Bild 3: Mohrscher Spannungskreis für Torsionsversuch.

Idealisiert betrachtet, liegt beim Torsionsversuch ein ebener, zweiachsiger Spannungszustand vor, wobei i. allg. geringfügig auftretende Längsspannungen zu vernachlässigen sind /3,4/. Die maximalen Normal- und Schubspannungen sind betragsmäßig gleich und es ergibt sich eine mittlere Normalspannung σ_m = 0, wie aus dem Mohrschen Spannungskreis (Bild 3) ersichtlich.

Röntgenographische Messungen von Heymann und Balla /5/ zeigen, daß die Schubspannungen im plastischen Bereich bei Torsion eines massiven Kreisquerschnitts nach einer Potenzfunktion vom Rand zum Kern abnehmen. Mit zunehmender Randschiebung wird dabei der Unterschied der Schubspannungen im Randbereich geringer, eine konstante Verteilung wird jedoch nicht erreicht. Aussagen über den Einfluß hoher Geschwindigkeiten oder Temperaturen konnten mit solchen Untersuchungen nicht vorgenommen werden.

2.2 AUSWERTUNGSMETHODE

2.2.1 Herkömmliche Berechnung der Schubspannung durch Differentiation

Üblicherweise erfolgt die Berechnung der örtlichen Schiebung im Abstand r von der Probenachse einer langen kreiszylindrischen Torsionsprobe für den Drehwinkel mit der linearen Beziehung, siehe z.B. Ludwik und Scheu /6/:

$$\gamma_r\,(r, \Theta) = \frac{r\,\Theta}{l} \tag{2}$$

Bei Anwendung dieser Gleichung müssen jedoch einige Voraussetzungen im Hinblick auf die Probengeometrie und das Werkstoffverhalten gelten:

- Die Probe muß einen genau kreisförmigen Querschnitt aufweisen, damit keine Querschnittsverwölbung auftritt;

- Zur Vermeidung einer Kerbwirkung im Probenquerschnitt
  sollte die Probe hinreichend lang sein;

- Der Werkstoff wird als isotrop, homogen und inkompressi-
  bel angenommen.

Hierbei stellt die Isotropie die größte Vereinfachung dar.
Im Übrigen entsprechen diese Annahmen den allgemeinen Vereinfachungen der Plastizitätstheorie, so daß hieraus eigent-
lich keine zusätzliche Einschränkung entsteht.

Analog zu Gleichung (2) läßt sich die Schiebungsgeschwindigkeit im Radialabstand r wie folgt berechnen:

$$\dot{\gamma}_r = \frac{r\,\dot{\Theta}}{l} \tag{3}$$

Für den Außenradius der Probe gilt entsprechend r = a :

$$\gamma_a = \frac{a\,\Theta}{l} \tag{4}$$

$$\dot{\gamma}_a = \frac{a\,\dot{\Theta}}{l} \tag{5}$$

Eines der schwierigsten Probleme bei der Auswertung des Tor-
sionsversuchs ist die Berechnung der Schubspannung aus dem
gemessenen Drehmoment, da das Drehmoment nur eine integrale
Aussage über die Schubspannung liefert. Für den Fall eines
massiven Probenquerschnittes ergibt sich (vgl. Bild 1):

$$M(\Theta, \dot{\Theta}) = 2\pi \int_0^a \tau(r, \Theta, \dot{\Theta}) r^2 dr \tag{6}$$

Integralgleichungen haben im allgemeinen keine eindeutige
Lösung. Die Gleichung kann aber dadurch gelöst werden, daß
die Integrationsvariable r durch die Schiebung und die
Schiebungsgeschwindigkeit .. substituiert wird.

Daraus folgt für das Moment

$$M = M(\gamma_a, \dot{\gamma}_a) = 2\pi(\frac{l}{\Theta})^3 \int_0^{\gamma_a} \tau(\gamma, \dot{\gamma})\gamma^2 d\gamma \tag{7}$$

Analog kann hergeleitet werden

$$M = M(\gamma_a, \dot{\gamma}_a) = 2\pi(\frac{l}{\Theta})^3 \int_0^{\dot{\gamma}_a} \tau(\gamma, \dot{\gamma})\dot{\gamma}^2 d\dot{\gamma} \tag{8}$$

Durch Differenzieren des Integrals nach seiner variablen Grenze wird anschließend der Integrand bestimmt, wobei für die Mantelfläche der Radialabstand r = a gesetzt wird /7/. Durch Zusammenfassung der Gleichungen (7) und (8) ergibt sich für die Schubspannung

$$\tau(\gamma_a, \dot{\gamma}_a) = \frac{3M}{2\pi a^3} (1 + \frac{1}{3M} (\gamma_a \frac{\partial M}{\partial \gamma_a} + \dot{\gamma}_a \frac{\partial M}{\partial \dot{\gamma}_a})) \tag{9}$$

Diese Gleichung ist als Auswertungsmethode nach Fields und Backofen /7/ bekannt und stellt die einzig mögliche strenge Lösung des Problems dar.

Bei Auswertung mit Gleichung (9) ergeben sich jedoch prinzipielle Schwierigkeiten. Werden sowohl der Verfestigungs- als auch der Geschwindigkeitseinfluß berücksichtigt (durch die beiden partiellen Ableitungen auf der rechten Seite von Gleichung (9)), so müßten zur Berechnung einer einzigen Fließkurve eine Vielzahl von Versuchen bei unterschiedlicher Geschwindigkeit durchgeführt werden, da im Prinzip eine Tangente im dreidimensionalen Raum anzulegen ist /4/. Häufig wird deshalb zur Vereinfachung angenommen, daß bei Versuchen mit Raumtemperatur die Geschwindigkeitsableitung zu null wird und entsprechend bei Warmtorsion das Verfestigungsverhalten vernachlässigbar ist. Damit ist aber insbesondere der Bereich der Halbwarmumformung nicht hinreichend abgedeckt, da hierbei beide Einflüsse wesentlich sein und in Wechselwirkung treten können.

Grundsätzlich entstehen außerdem beim Auswerten mit partiellen Ableitungen Unsicherheiten durch Meßfehlerfortpflanzung /8,9,10/. Da mikrostrukturelle Vorgänge beim Torsionsvorgang, die nicht régelmäßig oder regelmäßig über der Zeit wirksam werden, zu einem "rauhen" oder gezähnten Meßkurvenverlauf führeri können, ist die Ableitung starken Schwankungen unterworfen. Als Beispiel sei hier der Portevin Le-Chatelier-Effekt für Aluminiumlegierungen bei Raumtemperaturfließkurven /11/ genannt. Canova et al. /10/ differenzieren eine ungeglättete Drehmoment-Drehwinkel-Kurve des Werkstoffes Kupfer (aufgenommen bei einer Geschwindigkeit von $0{,}01s^{-1}$). Aus den Ergebnissen wurde deutlich, daß durch die Streuung der berechneten Fließspannungen selbst bei geeigneter Interpolation keine zuverlässige Fließkurvenermittlung mehr möglich ist. Darüber hinaus entstehen Probleme im Fall von Fließkurven, die ihre Steigung ein- oder mehrfach ändern, was insbesondere für Warmfließkurven gilt.

Brown /12/ diskutiert verschiedene Möglichkeiten zur Berechnung der Schubspannung in dickwandigen Hohlquerschnitten. Die Auswertung erfolgt mit der Gleichung

$$\tau_a = \frac{1}{a^3}\,(\tau_{a_1}a_1^3 + \frac{1}{2\pi}\,(3M + \gamma_a\,\frac{\partial M}{\partial \gamma_a}))\tag{10}$$

Die unbekannte Schubspannung τ_{a1} am Innenradius des Querschnitts wird schrittweise durch eine Iteration, die im elastischen Bereich mit bekannten Spannungen beginnt, bestimmt. Ein Vergleich mit der Fließkurve nach der rein elastischen und ideal-plastischen Näherung (Gleichung (11)) zeigt, daß die iterativ ermittelte Fließkurve dazwischen, jedoch näher an der unteren "plastischen" Fließkurve liegt. Für dickwandige Hohlzylinder wird deshalb die Methode nach Gleichung (10) als genauer angesehen. Der Geschwindigkeitseinfluß bleibt dabei unberücksichtigt.

2.2.2 Auswertungsmethode am "kritischen" Radius

Die Auswertung des Torsionsversuches an einem "kritischen" Radius, der im Innern des Probenquerschnitts liegt, wurde erstmalig von Juverov und Gejko /13/ vorgeschlagen. Der Grund hierfür war die Feststellung, daß für alle theoretisch möglichen Verläufe der Schubspannung über den Radius (entsprechend der Fließkurve, s. Bild 2) bei gegebenem Drehmoment die Schubspannung für 3/4 des Probenradius bei massivem Kreisquerschnitt stets ungefähr den gleichen Wert aufweist. Die Berechnung von Schiebung und Schiebungsgeschwindigkeit erfolgte deshalb für den "kritischen" Radius r* = 3/4a.

Auch Neumann und Weißbach /14/ zeigen anhand einer mathematischen Fehlerschrankenbetrachtung für massive Proben, daß der maximale relative Fehler kleiner als ≈ 1% bleibt, wenn die Schubspannung nach dem ideal-plastischen Ansatz bestimmt und dieser Wert einem Umformgrad zugeordnet wird, der für 3/4 des Probenaußenradius berechnet wurde. Von den Autoren wurde deshalb diese Vorgehensweise als Alternative zu Hohltorsionsversuchen vorgeschlagen, da bei massiven Probenquerschnitten die Beeinflussung der Messung durch eine exzentrisch liegende Bohrung entfällt und der Fertigungsaufwand vergleichsweise geringer ist.

Gorev /15/ ermittelte Schubspannung und Schiebung massiver und dickwandiger hohler Proben ebenfalls für einen charakteristischen Punkt im Innern des Querschnittes. An dieser Stelle hängt die Berechnung nur schwach vom Verfestigungsverhalten ab, das jedoch als bekannt vorausgesetzt werden muß. Der Geschwindigkeitseinfluß wurde dabei nicht berücksichtigt.

Barraclough et al. /16/ berechneten einen "kritischen" Radius für hohle Proben, für den bei einem gegebenem Drehmoment die Schubspannung unter Voraussetzung eines realistisch geschätzten p-Werts mit der Schubspannung für den ideal-plastischen Fall (p = 0) gleichgesetzt ist. Schiebung und

Schiebungsgeschwindigkeit werden dann an diesem Radialabstand berechnet. Da am "kritischen" Radius nur eine schwache
Abhängigkeit vom Werkstoffverhalten besteht, erfolgte
schließlich die Berechnung der Schubspannung nach der Näherung gemäß Gleichung (11).

2.2.3 Auswertung für hohle Proben

Preiser /4/ ging davon aus, daß bei Verwendung von zylindrischen Proben mit Innenbohrung das Auswerteproblem sich vereinfacht, wenn vorausgesetzt wird, daß im verbleibenden
Rohrquerschnitt die Schiebung und Schiebungsgeschwindigkeit
konstant sind. Die in Warmtorsionsversuchen aufgezeichnete
Drehmomenten-Drehwinkel-Kurve entspricht dann bereits der
gesuchten Fließkurve. Die gemessenen Drehmomente und Drehwinkel werden nur noch mit einem Faktor gemäß den Gleichungen

$$\bar{\tau} = \frac{3M}{2\pi(a^3 - a_1^3)} \tag{11}$$

und

$$\bar{\gamma} = \frac{a + a_1}{2l}\,\Theta \tag{12}$$

multipliziert. Anhand von Warmtorsionsversuchen wurde festgestellt, daß in einem gewissen Bereich der Einfluß der
Wanddicke auf den Fließkurvenverlauf vernachlässigbar ist.
Das Einknicken der Hohlprobe wurde durch Verringerung der
Probenlänge und des Probeninnendurchmessers vermieden. Bei
sehr kurzen Proben bereitete jedoch die Zuordnung der berechneten Vergleichspannungen zu Formänderungen Schwierigkeiten.

In /17 bis 20/ wird ebenfalls eine Auswertung nach Gleichung (11) und (12) für dünnwandige hohle Probenquerschnitte
vorgeschlagen.

2.3 PROBENGEOMETRIE

Üblicherweise werden bei Anwendung massiver Proben relativ lange zylindrische Mittelteile (30mm $\leq$ l $\leq$ 100mm) verwendet, s. z.B. /21 bis 28/. Der Außendurchmesser liegt dabei meistens zwischen 6mm und 10mm.

Bei Versuchen von Preiser /4/ war nur durch eine Verkürzung der Probenmeßlänge eine Erhöhung der Formänderungsgeschwindigkeit auf über $\dot{\varphi}_v$ = 10s^{-1} möglich. Da aber Bereiche außerhalb der zylindrischen Probenlänge l an der Umformung beteiligt sind, kann die Probenmeßlänge nicht beliebig verkürzt werden. Das zusätzlich umgeformte Probenvolumen ist als unabhängig von der Probenmeßlänge anzunehmen, wodurch der dadurch entstandene Fehler etwa bei einer Meßlänge unter 10mm wesentlich wird. Dieser Wert konnte deshalb bis zu Formänderungsgeschwindigkeiten von $\dot{\varphi}_v$ = 1000s^{-1} bestimmt werden, wenn nur die maximale Fließspannung ohne Zuordnung zu einer Formänderung benötigt wird. Bei längeren Proben besteht die Gefahr des Einknickens der Probe.

Da es nicht möglich war, mit einem einzigen Typ einer kurzen Probe von l = 3,14mm Meßlänge Fließkurven im gesamten Geschwindigkeitsbereich von $\dot{\varphi}_v$ = 1s^{-1} bis $\dot{\varphi}_v$ = 100s^{-1} zu bestimmen, mußte die Probenmeßlänge der Formänderungsgeschwindigkeit angepaßt werden.

Als Ergebnis der Untersuchungen in /4/ wird für eine optimale Probengeometrie vorgeschlagen, hohle Proben mit einem Außendurchmesser von 2a = 10mm, einem Innendurchmesser von 2a$_1$ = 7mm und einer Meßlänge von l < 10mm zu verwenden. Darüber hinaus wurde festgestellt, daß bis zu dieser Probenlänge die axiale Längenausdehnung vernachlässigbar ist und keine Korrektur erforderlich macht.

Romashov und Suyarov /29/ verwendeten hohle Torsionsproben mit dem Schlankheitsgrad a/l = 5. Mit dieser Geometrie wurden hohe Umformgrade ohne Ausknicken des Rohrquerschnitts

Nicholas /30/ arbeitete mit scharf gekerbten, hohlen Proben, die ein Verhältnis a/l = 1,33 aufwiesen. Mit diesen Proben konnten Umformgeschwindigkeiten zwischen 10^{-4} und $25s^{-1}$ aufgebracht werden.

Exner und Papsdorf /19/ verwendeten hohle Proben mit einer zylindrischen Länge l = 2,9mm bei einem Radienverhältnis a_1/a ≈ 0,75 (2a = 6,6mm).

Für den Übergangsradius Spannbereich-Meßbereich gibt Papsdorf /31/ ein Verhältnis R/l ≤ 0,3 an.

Demgegenüber empfehlen Lach und Pöhlandt /33/ die Bedingung 0,25 ≤ R/a ≤ 1. Der Übergangsradius R sollte demnach nicht zu klein gewählt werden, da sonst infolge starker Kerbwirkung die Probe bereits bei niedrigem Umformgrad bricht.

Sautter, Kochendörfer und Dehlinger /34/ stellten fest, daß beim Torsionsversuch mit hohlen Proben ein Korrekturglied dann zu vernachlässigen ist, wenn das Radienverhältnis a_1/a > 0,7 beträgt und die Neigung der Drehmomenten-Drehwinkelkurve nicht zu groß ist.

2.4   TORSIONSFLIESSKURVEN IM VERGLEICH ZU FLIESSKURVEN
      ANDERER VERSUCHE

Frobin /34/ untersuchte die Werkstoffe Al 99,5, AlMg 5, St 35b und St 55 und stellte die Fließkurven aus Zug-, Stauch- und Torsionsversuch gegenüber. Die Auswertung des Zugversuches im Bereich oberhalb der Gleichmaßdehnung erfolgte zum einen nach der Methode von Siebel und Schwaigerer /35/, zum anderen nach dem Verfahren von Reihle /36/ mit Hilfe der mechanischen Kennwerte R_m und φ_g. Außerdem kam der Kegelstauchversuch zur Anwendung. Die Auswertung des Torsionsversuches erfolgte mit einem genäherten und einem "exakten" Verfahren. Bei der exakten Methode wird eine Beziehung zur Berechnung von Schiebung und Schubspannung von

Nadai /37/ in Verbindung mit der Gestaltänderungsenergiehypothese vorausgesetzt. Diese Kombination liefert im Vergleich zur verwendeten genäherten Beziehung für die Fließkurve (= ideal-plastische Auswertung für massive Proben mit dem Fließkriterium nach Tresca) höhere Fließspannungen bei gleichem Vergleichsumformgrad. Grundsätzlich war die Lage der Fließkurven aus den verschiedenen Versuchen zueinander nicht für alle Werkstoffe gleich. Die genäherte Beziehung liefert vielfach die bessere Annäherung an den Kegelstauchversuch. Die tatsächlich an der Umformung im Torsionsversuch beteiligte Länge wurde bei der Berechnung nicht berücksichtigt: die Auswertung erfolgte am Außenradius der Probe. Die Ermittlung des Verdrehwinkels wurde mit Hilfe eines auf der Probe angebrachten Schleppzeigersystems durchgeführt, wodurch ebenfalls Fehler entstanden sein dürften. Nach Frobin /34/ zeigen die Ergebnisse, daß ein von der Gestaltänderungsenergiehypothese nicht erfaßbarer Einfluß eines werkstoffabhängigen Spannungszustandes vorliegen muß. Eine allgemeingültige Gesetzmäßigkeit hierzu konnte jedoch nicht ermittelt werden.

Krause /38/ verglich u.a. die Fließkurven aus Zugversuch, Stauchversuch und Torsionsversuch. Der Torsionsversuch wurde nach der herkömmlichen Methode bei Anwendung der Fließkriterien nach v. Mises und nach Tresca ohne Berücksichtigung einer wirksamen Probenlänge ausgewertet. Untersucht wurden die Stähle X 10 CrNiTi 18 9, Ck 10 und St 37. Die Vergleichsdarstellung nach Tresca zeigt dabei grundsätzlich die bessere Übereinstimmung mit dem Zylinderstauchversuch. Die Abweichungen werden auf die Annahme der Isotropie vor und während des Versuches zurückgeführt. Die Torsionsfließkurve stimmt nicht bei allen Werkstoffen mit der Stauchfließkurve tendenziell überein.

Witzel und Haeßner /39/ ermittelten die Fließkurven für das Dehnen, Stauchen und Tordieren an rekristallisiertem Cu 99,997 , wobei die Umformgeschwindigkeit einheitlich für alle Verfahren $\varphi_v = 3 \cdot 10^{-3} \, s^{-1}$ betrug. Die Auswertung des

Torsionsversuches mit massiven Proben erfolgte nach der herkömmlichen Methode durch Differentiation /7,40/ ohne Berücksichtigung der an der Umformung tatsächlich beteiligten Probenlänge. Die Torsionsfließkurve nach dem v. Misesschen Fließkriterium liegt dabei deutlich unter den Fließkurven aus Stauch- und Zugversuch, während sich mit dem Fließkriterium nach Tresca eine tendenziell gute Übereinstimmung mit der Stauchfließkurve ergibt, die etwas kleinere Fließspannungen liefert. Bei höheren Umformgraden ergibt sich für die Torsionsfließkurve ein flacherer Verlauf, so daß sie sich bei $\varphi \approx 0,5$ mit der Stauchfließkurve schneidet. Als Begründung wird vor allem die Abhängigkeit der Fließspannung von der jeweiligen Umformgeschichte wegen unterschiedlicher Texturen angegeben.

Preiser /4/ ermittelte Fließkurven von zwei Edelstählen bei verschiedenen Temperaturen und Umformgeschwindigkeiten im Stauch- und Torsionsversuch. Eine sehr gute Übereinstimmung ergab sich im relativen Verlauf der Fließkurven. Bei einer Versuchsreihe stimmten auch die Beträge der Fließspannungen überein. Außerdem wird der Unterschied Probleme bei der Messung und Konstanthaltung der Prüftemperatur, auf den Einfluß der Reibung im Stauchversuch und die Umrechnung auf Vergleichsgrößen zurückgeführt.

2.5 Zielsetzung

Zur Weiterentwicklung der Fließkurvenaufnahme im Torsionsversuch sollen insbesondere für Fließkurven, die vom φ^n-Verlauf abweichen, bessere Methoden zur Auswertung erarbeitet werden. Solche Fließkurven haben in erster Linie praktische Bedeutung bei der Warmumformung, wo beispielsweise entfestigende Vorgänge wie Erholung und Rekristallisation auftreten können. Gerade im Hinblick auf die technische Halbwarm- und Warmumformung bietet der Torsionsversuch die Möglichkeit, Fließkurven bei erhöhter Temperatur, hohen Umformgeschwindigkeiten und hohen Umformgraden zu ermitteln. Darüber hinaus können auch bei Raumtemperatur Fließkurven bestimmter Werkstoffe vom Exponentialansatz abweichen, wie z.B. bei Messingwerkstoffen oder nichtrostenden Stählen.

Durch die Verwendung hohler Proben soll eine zuverlässigere Fließkurvenermittlung ermöglicht werden, wobei sowohl die Probengeometrie als auch die Versuchsdurchführung und -auswertung für Rohrquerschnitte zu optimieren sind. Die Wanddicke der Probe kann nicht beliebig verkleinert werden, da die Probe sonst zur Aufwölbung neigt. Entsprechend gibt es eine obere Grenze für die Probenlänge. Bei extrem kurzen Proben ist allerdings die Angabe einer "wirksamen" Probenlänge mit Schwierigkeiten verbunden, und es besteht außerdem eine starke Kerbwirkung. Die zweckmäßigen Geometrien für hohle Torsionsproben im Hinblick auf Theorie und Praxis sollen deshalb ebenfalls ermittelt werden.

Es soll weiterhin untersucht werden, ob im Schrifttum angegebene Unterschiede zwischen Fließkurven aus dem Torsionsversuch und solchen aus dem Zug- oder Stauchversuch auf die schlechte Auflösung der bisher üblichen Auswertungsmethode zurückzuführen sind. Hierzu werden vergleichend Zug- und Stauchfließkurven aufgenommen.

3 VERSUCHSDURCHFÜHRUNG

3.1 VERSUCHSWERKSTOFF

3.1.1 Mechanische Kennwerte

Als Versuchswerkstoffe wurden 16 MnCr 5,   AlMgSi 1 und
CuZn 28 eingesetzt. Die mechanischen Kennwerte aus dem Stu-
fenzugversuch wurden an   Proben B 10 x 100 nach DIN 50 125
(langer Proportionalstab) ermittelt (s. Tabelle 1).

Werkstoff	16 MnCr 5	AlMgSi 1	CuZn 28
Werkstoffnummer	1.7131	3.2315	2.0320
$R_{p0,2}$	398,23	99,60	100,13
R_m	551,53	162,88	340,13
A_g	22,79	20,29	61,13
φ_g	0,21	0,19	0,48
Z	73,53	63,07	75,1

Tabelle 1: Mechanische Kennwerte der Versuchswerkstoffe aus
          Zugversuch.

Härtemessungen über den Querschnitt des Ausgangsgrundmateri-
als zeigen, daß alle Werkstoffe zumindest im Kernbereich eine homogene Verteilung der Härte aufwiesen.

3.1.2 Gefüge

Die chemische Zusammensetzung der Versuchswerkstoffe ist aus
Tabelle 2 zu entnehmen. Die Zusammensetzung des Stahlwerkstoffes 16 MnCr 5 und des kalt-und warmaushärtbaren Alumi-

niumwerkstoffes AlMgSi 1 entspricht den Angaben aus DIN
17210 bzw. DIN 1725. Die Messing-Knetlegierung CuZn 28 entspricht mit Ausnahme des Aluminiumgehaltes der Normangabe in
DIN 17660. Alle ermittelten Fließkurven liegen bei Raumtemperatur in den in /41,42/ geforderten Streubändern für diese
Werkstoffe.

Werkstoff: 16 MnCr 5			Werkstoffnummer: 1.7131		
C	Si	Mn	P	S	Cr
0,18	0,22	1,25	0,012	0,023	1,04
Werkstoff: AlMgSi 1			Werkstoffnummer: 3.2315		
Si	Mn	Mg	Cu	Fe	
0,97	0,9	0,75	0,07	0,33	
Werkstoff: CuZn 28			Werkstoffnummer: 2.0320		
Cu	Al	Fe	Mn	Ni	Pb	Sb	Sn
72,44	0,11	0,02	0,01	0,01	0,02	0,05	0,07
Angaben in Gewichts-%							

Tabelle 2: Chemische Zusammensetzung der Versuchswerkstoffe.

Alle Werkstoffe lagen im weichen Zustand vor, wobei wie
folgt geglüht wurde:

- 16 MnCr 5: 8h, 720°C
- AlMgSi 1: 4h, 350°C
- CuZn 28: 5h, 550°C.

Bild 4 zeigt Gefügeaufnahmen der Versuchswerkstoffe im ge-
glühten Zustand.

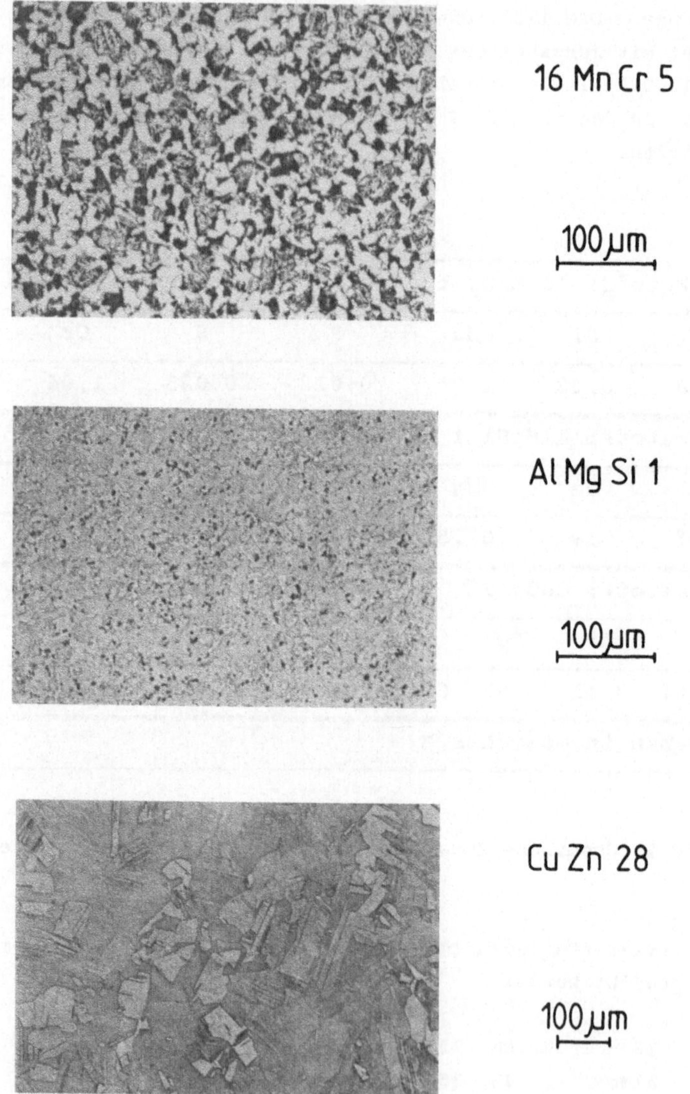

Bild 4: Gefüge der Versuchswerkstoffe.

Das Gefüge des Stahlwerkstoffes 16 MnCr 5 läßt die Bestand-
teile Ferrit und körnigen Perlit erkennen. In einigen Per-
litkörnern sind noch Zementitlamellen sichtbar; dies läßt
darauf schließen, daß die Haltezeit auf Glühtemperatur zu
kurz war.

Das Gefüge von AlMgSi 1 weist rekristallisierte Al-Mischkri-
stallkörner auf. In diesen und auf den Korngrenzen befinden
sich unterschiedlich große, eingeformte intermetallische
Verbindungen (z.B. $Mg_2 Si$, $Al_6 Mn$).

Der Messingwerkstoff CuZn 28 zeigt rekristallisierte α-Kri-
stalle mit Rekristallisationszwillingen. Der Zustand läßt auf
Kaltverformung (Halbzeugherstellung) und anschließendes Re-
kristallisationsglühen schließen.

3.2   TORSIONSVERSUCH

3.2.1   Aufbau

Zur Durchführung der Torsionsversuche wurde eine Torsionsanlage verwendet, deren Aufbau schematisch in Bild 5 dargestellt ist. Als Antrieb wird ein thyristorgesteuerter
Gleichstromnebenschlußmotor (AEG-Telefunken Typ G 16.04) mit
einer Maximalleistung von 28,5 kW bei einer Maximaldrehzahl
von 2000 min^{-1} eingesetzt. Mit diesem Antrieb kann die Drehzahl auf $\pm2\%$ genau eingestellt und konstant gehalten werden.
Über den Motorwellenstumpf wird eine Schwungmasse
(m = 290 kg) angetrieben. Durch das Zwischenschalten einer
Überholkupplung (Stieber GFR 50 EL-F2) wird erreicht, daß
der Motor nur dann nachregelt, wenn die Drehzahl der
Schwungscheibe abfällt.

Da mit der Energiereserve des Schwungrades tordiert wird,
wirkt sich der Torsionsvorgang nicht mehr schlagartig auf die
Motorregelung aus, so daß die Trägheit der Regelung nahezu

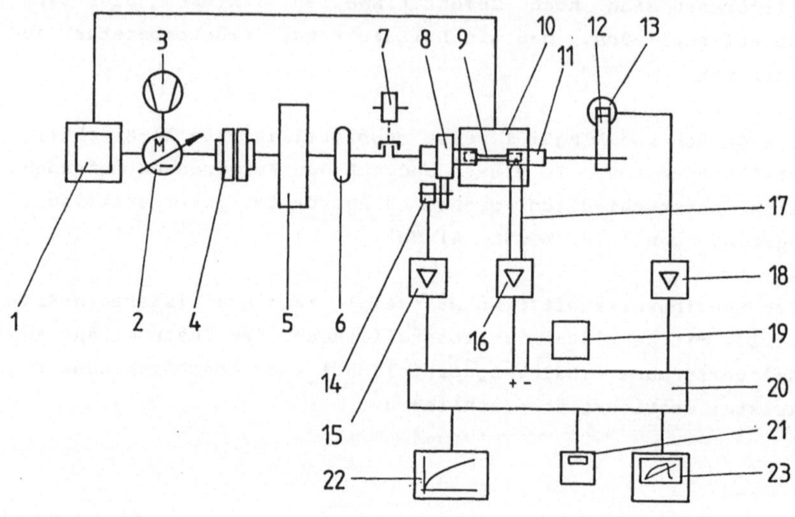

1 Zentrale Schaltstelle	12 Hebelarm
2 Gleichstromnebenschlußmotor	13 Meßunterlagscheibe
3 Kühlgebläse für 2	14 Drehwinkelgeber
4 Überholkupplung	15 Ladungsverstärker
5 Schwungscheibe	16 Meßverstärker
6 Periflexkupplung	17 Thermoelement
7 Elektromagnetische Ein-scheibenkupplung	18 Meßverstärker
8 umlaufendes Ende der Probeneinspannung	19 Kompensations-schaltung
9 Probe	20 Transientenrecorder
10 Rohrofen für Warmtorsion	21 Digitalvoltmeter
11 feststehendes Ende der Probeneinspannung	22 x-y-Schreiber
	23 Kathodenstrahl-oszillograph

Bild 5: Schematischer Aufbau der Torsionsanlage.

keinen Einfluß ausübt. Bild 6 zeigt, daß unabhängig von der
Probengeometrie eine annähernd konstante Drehzahl während des
Vorganges gemessen wird. Die Versuchsdurchführung wird deshalb nicht durch die Probengeometrie eingeschränkt und auch
die Umformgeschwindigkeit kann erheblich gesteigert werden.
Bei sehr hohen Umformgeschwindigkeiten muß jedoch mit geringen Anlaufvorgängen gerechnet werden. Bei der Versuchsdurchführung wurde die eingestellte Enddrehzahl der Anlage zugrundegelegt.

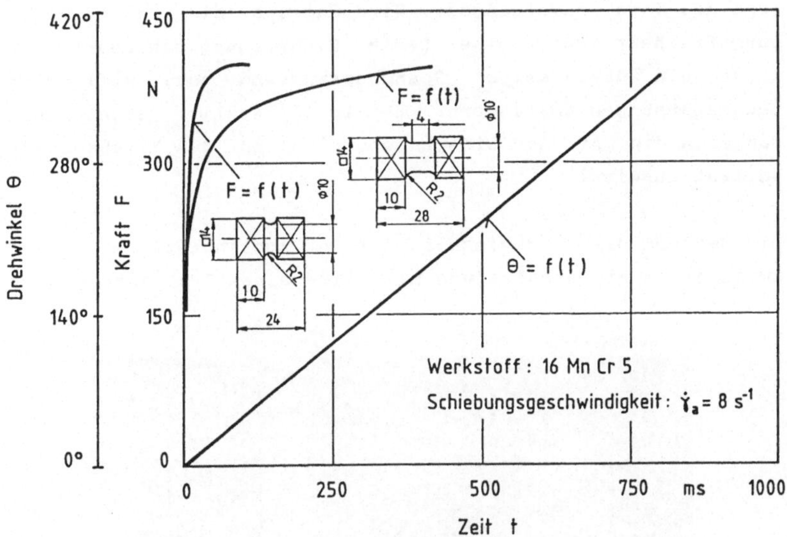

Bild 6: Drehzahlverhalten für verschieden lange massive
Proben.

An die Schwungscheibe schließt sich eine Periflexkupplung
an, die Stöße beim Einkuppeln vermeiden soll. Die darauffol-
gende elektromagnetische Einscheibenkupplung (Stromag MCB
25/12/18-1) verbindet während des Vorgangs die Antriebswelle

mit der umlaufenden Seite der Probeneinspannung. Die andere
Seite der Probeneinspannung ist nichtdrehend und überträgt
die Kraft mittels Hebelarm auf eine Kraftmeßeinrichtung. Die
Einscheibenkupplung ist in der Lage, ein dynamisches Drehmoment von 250 Nm bei einer maximalen Drehzahl von 2000 min^{-1}
zu übertragen.

Grundsätzlich bestehen zwei Möglicheiten zur Einspannung der
Proben. Bei freier Einspannung (die ausschließlich verwendet
wurde!) kann sich die Probe axial verschieben, wenn nur die
Reibung überwunden wird. Dann gelten die getroffenen Annahmen im Hinblick auf einen zweiachsigen Spannungszustand während des Torsionsvorganges. Wird dagegen die axiale Bewe-
gungsfreiheit durch eine feste Einspannung behindert, so
liegt ein dreiachsiger Spannungszustand vor, weil sich
Längsspannungen überlagern. Hecker /3/ stellte jedoch fest,
daß sich die Art der Einspannung nicht auf den Fließkurvenverlauf auswirkt.

Die Messung des Drehwinkels erfolgt kontinuierlich an der
umlaufenden Probenhalterung mit Hilfe eines Drehwinkelgebers

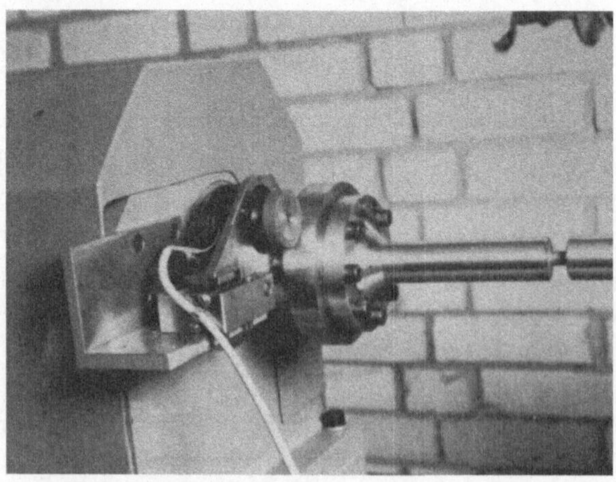

Bild 7: Drehwinkelmeßstelle.

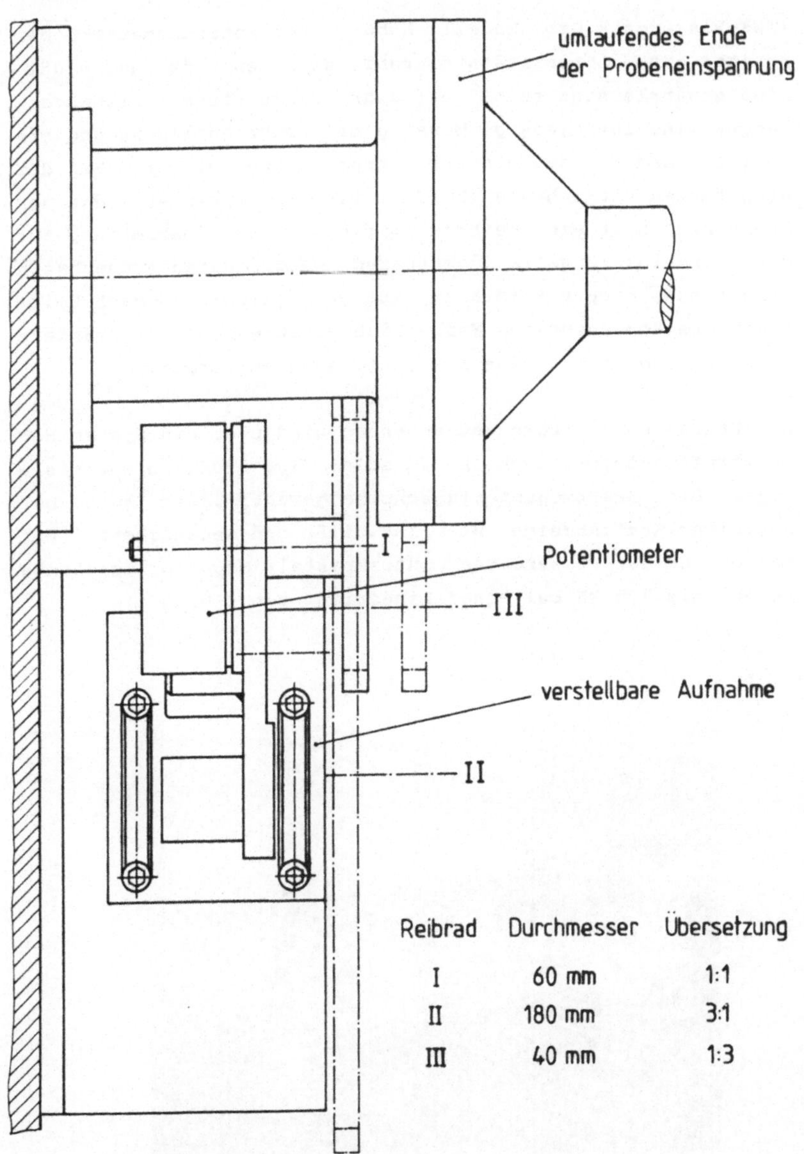

Bild 8: Drehwinkelmessung mit verschiedenen Reibrädern.

(TWK-Elektronik GmbH Modell H 50). Der Potentiometer-Geber
besitzt eine Linearitätstoleranz zwischen 0,5% und 0,05%.
Dies gewährleistet selbst bei sehr kurzzeitigen Torsionsvor-
gängen eine zuverlässige Messung mit hoher Auflösung und ermöglicht dadurch den Einsatz extrem kurzer Proben. Bei der
eingebauten Vorrichtung (Bild 7) ist zu erkennen, daß der
Drehwinkel über ein Reibrad mit bekannter Übersetzung auf
die Potentiometerwelle übertragen wird. Durch Auswechseln
verschieden großer Reibräder ist es möglich, je nach Zeit-
dauer des Vorganges den Meßbereich entsprechend zu verändern
(Bild 8) und so für eine hohe Auflösung zu sorgen.

Die Kraft- bzw. Drehmomentenmessung wird über ein System He-
bel/Kraftmeßunterlagscheibe (Kistler Typ 9001) bewerkstel-
ligt. Die Kraftmeßunterlagscheibe gewährleistet auch bei
niedriger Kraftanzeige gute Linearität und Genauigkeit. Der
Meßbereich der verwendeten Quarzkristall-Meßunterlagscheibe
reicht bis 7,5 kN bei einer Linearität von ≤ 0,5%.

Bild 9: Torsionsanlage.

Eine Datenerfassungsanlage (General Transient Electronics TR
4000) speichert die verstärkten Meßsignale für Kraft (bzw.
Moment) und Drehwinkel; die analoge Aufzeichnung der Drehmomenten-Drehwinkel-Kurve erfolgt schließlich auf einem x-y-
Schreiber. Parallel dazu wird der Verlauf der Meßkurve und
das Drehzahlverhalten (Drehwinkel über der Zeit) auf einem
Kathodenstrahloszillographen aufgezeichnet. Der gesamte Ver-
suchs- und Meßaufbau wird aus Bild 9 ersichtlich.

3.2.2 Warmtorsionversuche

Zur Durchführung von Halbwarm- und Warmtorsionsversuchen
wurde ein widerstandsbeheizter Rohrofen (Heraeus Ro/L/A)
verwendet. Durch Wärmedämmung an den Öffnungen, wo die Pro-
beneinspannungen in den Ofen ragen, wurde sichergestellt,
daß die angegebene Maximaltemperatur von rund 1200°C tatsächlich erreicht wird und Wärmeverluste minimal gehalten
werden.

Aufgrund von Wärmeverlusten läßt sich der Rohrofen nur ungenau mit der Temperaturregelung am Ofen auf eine konstante
Temperatur erwärmen. Die Temperatur wurde deshalb direkt an
der Probe gemessen. Hierzu wurde ein Chromel-Alumel-Thermo-
element eingesetzt, wobei die Thermoleitungen durch eine
Schrägbohrung am nichtdrehenden Ende der Probeneinspannung
dem Probenkopf zugeführt wird (Bild 10). Die gepunktete Meß-
stelle befinden sich am Ende einer Bohrung im Probenkopf, so
daß eine Beeinflussung des umgeformten Bereichs auszuschließen ist. Nach dem Erreichen der gewünschten Temperatur
wird diese einige Zeit gehalten, so daß ein thermisch sta-
tionärer Zustand vorausgesetzt werden kann.

Folgende wichtige Voraussetzungen zur Durchführung von Torsionsversuchen bei erhöhten Temperaturen sind somit gewährleistet:

- annähernd isotherme Bedingungen während des Versuches;
- homogene Durchwärmung des tordierten Probenabschnittes in radialer und axialer Richtung;
- gute Reproduzierbarkeit der gewünschten Versuchstemperatur.

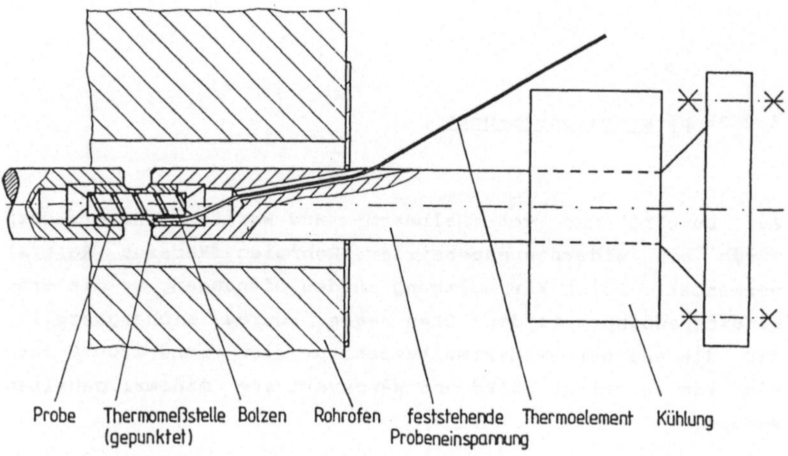

Bild 10: Messung der Probentemperatur mit Thermoelement.

Grundsätzlich ist auch für die Aufnahme von Kaltfließkurven bei höherer Umformgeschwindigkeit (adiabate Umformung) eine Temperaturmessung zu empfehlen, um eine Größenordnung der enstehenden Temperatur und die zeitliche Entwicklung in der Probe mitzuverfolgen.

Bei der Durchführung von Torsionsversuchen mit dünnwandigen hohlen Proben muß insbesondere für erhöhte Temperaturen ein Stützbolzen in die Bohrung eingelegt werden (s. Bild 11), um ein Einschnüren der Probe während des Vorganges zu verhindern. Der Stützbolzen weist eine wendelförmige Nut auf, die

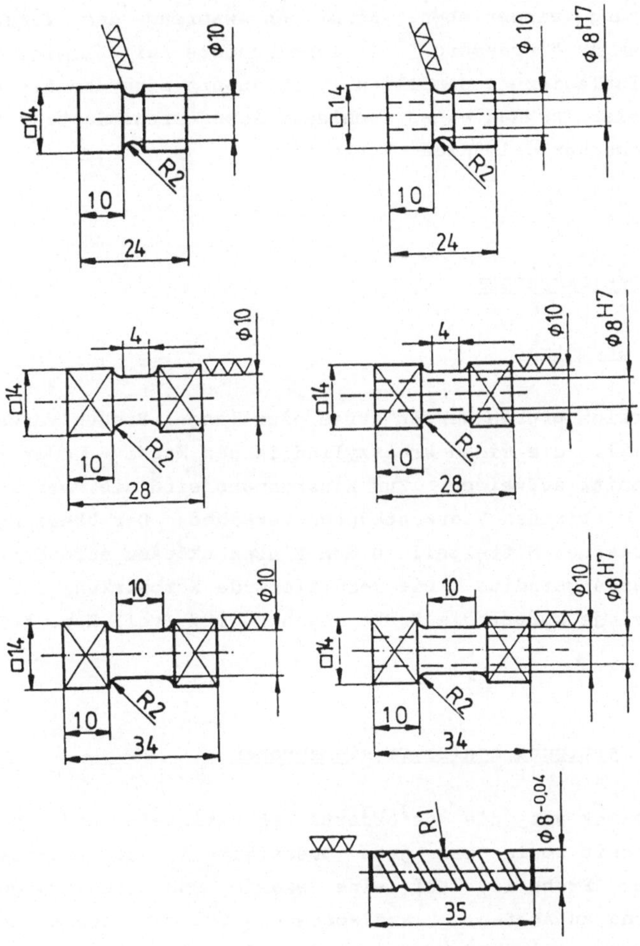

Bild 11: Torsionsproben und Einlegebolzen.

als Schmierstoffreservoir dient (Bild 11). Als Schmierstoff für Warmtorsionsversuche hat sich sowohl für AlMgSi 1 als auch für 16 MnCr 5 ein mikrofeiner Molybdänsulfid-Trockenschmierstoff mit extrem niedriger Reibungszahl für fein- und feinstbearbeitete Metalloberflächen bewährt. Das Schmierstoffpulver wird vor dem Tordieren intensiv in die entfettete Bohrung eingerieben. Kommt es während des Vorganges trotzdem zu " Fressern " (insbesondere bei Aluminium und Aluminiumlegierungen möglich), so äußert sich das direkt im Meßschrieb anhand eines schlagartigen Drehmomentanstieges und eines unregelmäßigen Verlaufes.

3.3 TORSIONSPROBEN

3.3.1 Geometrie

Als Torsionsproben werden kurze oder lange Proben verwendet (Bild 11), die einen kreiszylindrischen Massiv- oder Rohr- querschnitt aufweisen. Zur Einspannung sind die Probenenden mit quadratischen Vierkantköpfen versehen. Der Übergang vom zylindrischen Mittelteil zu den Einspannköpfen erfordert ei- nen Übergangsradius. Die resultierende Kerbwirkung ist umso stärker, je kürzer die Probe gewählt wird (vgl. Kap. 5.3).

3.3.2 Fertigung hohler Torsionsproben

Im Hinblick auf die geforderte Maßhaltigkeit und Reprodu- zierbarkeit sowie eine gute Oberfläche im zu verformenden Teil der Probe ist auf eine exakte und wiederholgenaue Fertigung zu achten. Diese Forderung ist bei hohlen Proben besonders kritisch. Wie gezeigt, müssen die Durchmesser in enger Toleranz gedreht werden, da das Moment eine Proportio- nalität zu a^3 bzw. $a^3 - a_1^3$ aufweist.

Bei der Probenherstellung ist auch zu fordern, daß keine Ex- zentrizität der Bohrung zum Zylinder und zu den Einspann- köpfen auftritt. Es ist deshalb zu empfehlen, die Proben in einer einzigen Aufspannung mit hoher geometrischer Genauig- keit zu fertigen, z.B. auf einer CNC-Drehmaschine. Anhand einer repräsentativen Stichprobenuntersuchung konnte nachgewiesen werden, daß das Auftreten exzentrischer Bohrungen durch eine automatisierte Fertigung deutlich verringert wird. Hierdurch ist außerdem eine wirtschaftliche Herstellung hohler Proben gewährleistet. Die reine Fertigungszeit der Proben beträgt in Abhängigkeit von Geometrie und Werkstoff 5 bis 10 Minuten (ohne Berücksichtigung von Nebenzeiten). Die zur Durchführung der Torsionversuche verwendeten Proben wurden deshalb auf einer CNC-Drehmaschine (Weiler Primus 2 CNC) gefertigt.

Ein Vergleich geometrischer Abmessungen von konventionell und CNC-gefertigten Proben (Bild 12 und 13) ergab, daß trotz annähernd gleicher arithmetischer Mittelwerte ein starker Unterschied in der Standardabweichung bestand. So wurde beispielsweise für den Außendurchmesser von Proben aus 16 MnCr 5 eine um den Faktor 3 größere Standardabweichung bei konventioneller Fertigung auf einer Leit- und Zugspindel-Drehmaschine ermittelt. Auch für den Innendurchmesser wurden Unterschiede der Standardabweichung festgestellt. Für dieses Maß wurde bei einzelnen Proben bei konventioneller Fertigung sogar die angegebene Toleranz überschritten. Die zylindrische Länge hingegen liefert im Hinblick auf die Reproduzierbarkeit keine eindeutige Aussage. Hierbei spielt jedoch auch die Auswertung mittels Profilprojektor eine Rolle, wodurch zufällige Meßfehler entstanden sind (durch zweiseitiges Festlegen des Überganges der zylindrischen Länge zum Radius). Für den Aluminiumwerkstoff AlMgSi 1 werden ebenfalls anhand einer repräsentativen Stichprobenuntersuchung von 28 Proben die gleichen Zusammenhänge ermittelt. Die Standardabweichungen für konventionell und automatisiert gefertigte Proben liegen im Vergleich zu 16 MnCr 5 um ca 20% niedriger.

Die Fertigungsfolge kann beispielsweise für eine hohle Probe wie folgt aussehen (Bild 14). Zuerst wird am Stangenabschnitt die Stirnfläche plangedreht und der Außendurchmesser des Rohteils längsgedreht. Im Anschluß daran erfolgt das Drehen der Vorkontur mit einem Abstechdrehmeißel. Als weite-

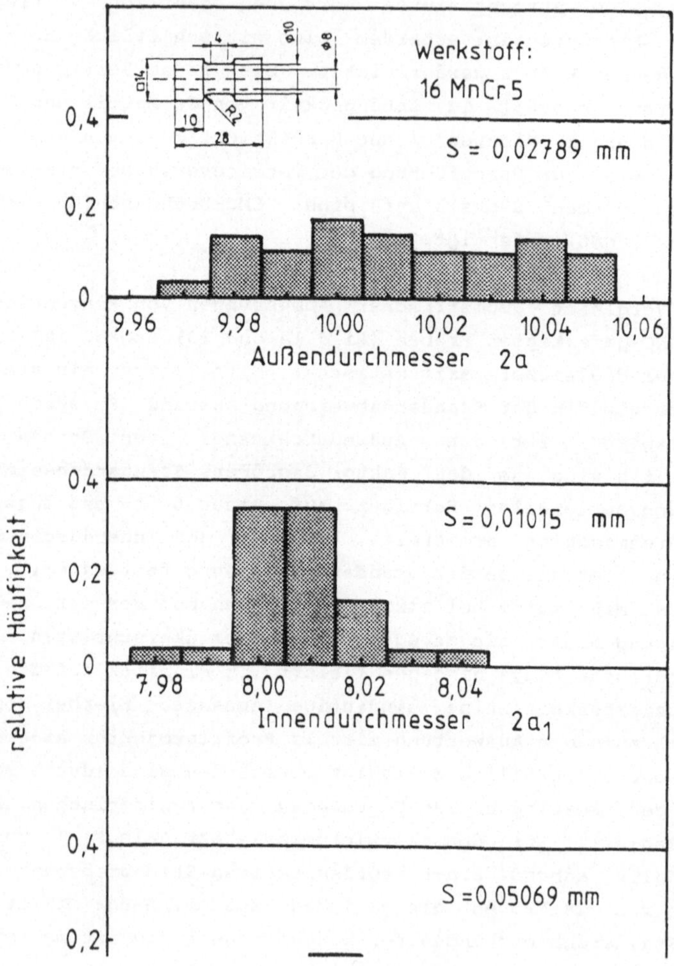

Werkstoff:
16 MnCr5
S = 0,02789 mm
0,4
0,2
0
9,96
9,98
10,00
10,02
10,04
10,06
Außendurchmesser 2a
S = 0,01015   mm
0,4
0,2
0
7,98
8,00
8,02
8,04
Innendurchmesser $2a_1$
0,4
S = 0,05069 mm
0,2
relative Häufigkeit

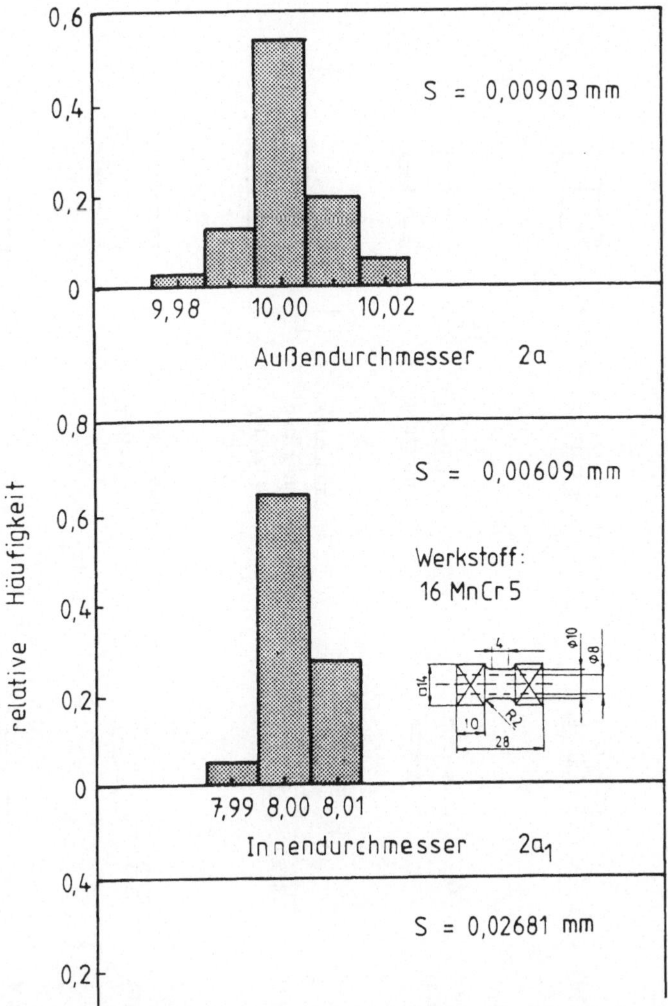

0,6
0,4
0,2
0
9,98   10,00   10,02
S = 0,00903 mm
Außendurchmesser $2a$
0,8
0,6
0,4
0,2
0
7,99 8,00 8,01
S = 0,00609 mm
Werkstoff:
16 MnCr 5
Innendurchmesser $2a_1$
0,4
0,2
S = 0,02681 mm
relative Häufigkeit
Ø10
Ø8
Ø14
4
10
R2
28

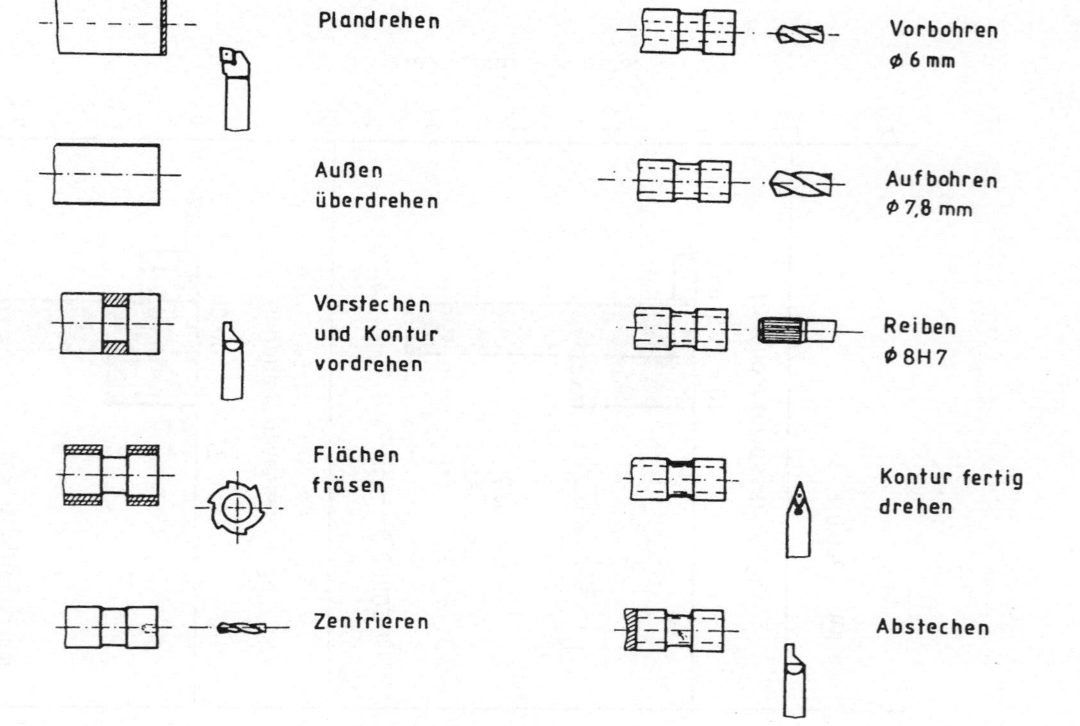

Bild 14: Fertigung hohler Proben.

re Stufe wird der Vierkantkopf gefräst, wobei die gegenüber-
liegenden Seiten nacheinander durch zweimalige Spanabnahme
bearbeitet werden. Darauf folgt das Zentrieren; durch Vor-
bohren und anschließendes Aufbohren wird eine zentrische
Bohrung der Probe ermöglicht. Das Reiben der Bohrung gewährleistet ein genaues Maß und eine gute Oberfläche. Abschlie-
ßend wird die Fertigkontur in zwei Stufen gedreht, bevor die
fertige Probe abgestochen wird. Die gesamte Herstellung der
Probe erfolgt somit in einer einzigen Aufspannung. Die Pro-
benköpfe wurden an den Kanten entgratet, um ein problemloses
Einspannen zu gewährleisten. Die spanende Endbearbeitung der
Fertigkontur der zylindrischen Meßstrecke erfolgt vorteilhafterweise mit einem sehr kleinen axialen Vorschub. Damit
kann auf eine nachträgliche Bearbeitung der Oberfläche (Polieren, Elektropolieren, usw.) verzichtet werden (vgl.
Kap.4.3.3).

3.3.3 Probenoberfläche

Der Oberflächenzustand im zu verformenden Bereich der Proben
wirkt sich vor allem auf das Formänderungsvermögen aus, da
eine rauhere Oberfläche mit Riefen senkrecht zur Probenachse
aufgrund der Kerbwirkung eher zu Anrissen führt. Zur Vergleichbarkeit bei unterschiedlichen Versuchsparametern des
ermittelten Formänderungsvermögens ist deshalb ein gleicher
Oberflächenzustand erforderlich. Die Oberfläche kann im gedrehten Zustand belassen oder nach dem Drehen eine Oberflä-
chenbehandlung (z.B. Polieren oder Elektropolieren)
vorgenommen werden.

Es wurde deshalb grundsätzlich der Einfluß des Oberflächenzustandes untersucht. Folgende Zustände der Oberfläche im
zylindrischen Mittelteil wurden zugrundegelegt:

- konventionell gedreht;
- auf CNC-Drehmaschine gedreht;
- poliert mit Schmirgelleinen;
- elektropoliert.

An Oberflächenmeßschrieben, die am zylindrischen Mittelteil
axial für verschiedene Oberflächenzustände aufgenommen wurden, werden die Unterschiede deutlich (Bild 15). Im Vergleich zu konventionell gefertigten Proben weisen CNC-gedrehte Proben eine niedrigere Rauheit auf. Außerdem sind
sehr tiefe, einzelne Rauheitsspitzen, die als Mikrokerben
wirken, nicht mehr vorhanden, wenn automatisiert gefertigt
wird.

Die mit feinem Sandpapier polierten oder elektropolierten
Proben weisen zwar grundsätzlich sehr niedrige Rauheitskenn-
werte auf, die Oberflächenstruktur läßt aber immer noch relativ tiefe Einzelkerben erkennen. Bei elektropolierter
Oberfläche sind die Vertiefungen durch Abtragung von Werk-
stoffspitzen geglättet und führen somit zu einem glatteren
Oberflächenschrieb. Die Rauheitsmeßwerte liegen jedoch in
der gleichen Größenordnung wie bei mechanisch polierten Proben, da stellenweise u. U. auch ungleichmäßig abgetragen
wird oder einzelne Werkstoffbestandteile vorzugsweise ange-
griffen werden.

Der Oberflächenzustand beeinflußt das Formänderungsvermögen
(s. auch Kap. 6.3) folgendermaßen. Bei automatisiert gefertigten Proben wird im Vergleich zu konventioneller Herstellung eine leichte Steigerung des Formänderungsvermögens erreicht. Dies ist auf die gleichmäßigere Oberflächenstruktur
und die geringere Rauhtiefe zurückzuführen. Auch für die
nachbehandelten Proben wird ein höheres Formänderungsvermögen festgestellt.

Elektropolieren oder Polieren der Proben wirkt sich jedoch
nicht nur auf den Oberflächenzustand, sondern auch auf die
Makrogeometrie aus. Dies führt nicht nur zu einer gleichmä-
ßigen Abnahme des Außendurchmessers, sondern auch zu einer
Unrundheit des Probenquerschnitts. Im Vergleich zu gedrehten
wird bei nachbehandelten Proben ein deutlicher Formfehler
festgestellt.

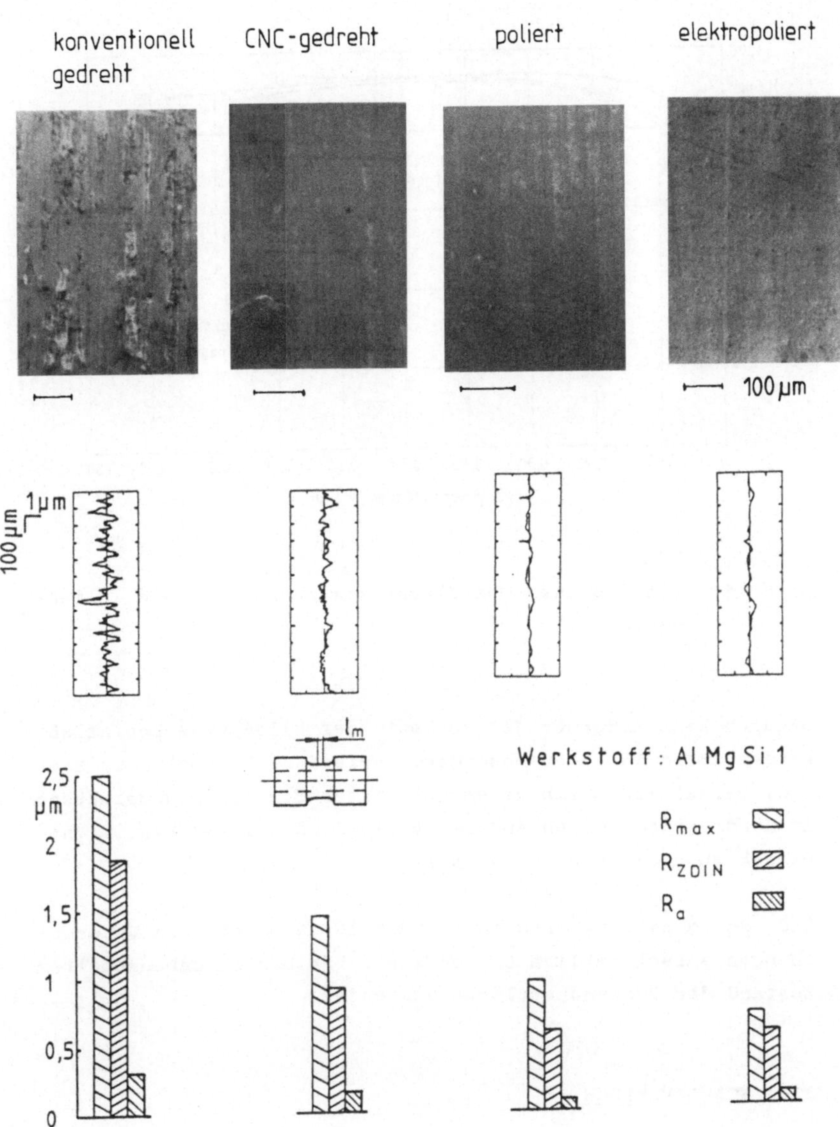

Bild 15: Feingestalt der Probenoberfläche.

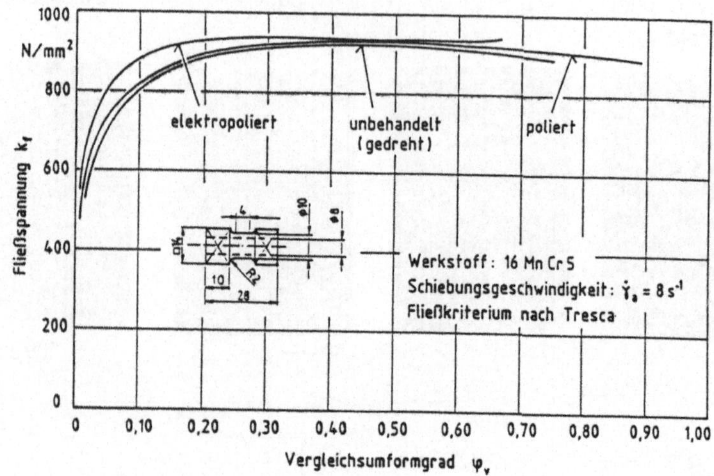

Bild 16:   Einfluß des Oberflächenzustandes auf die Fließkurve.

Dadurch kann außerdem der Verlauf der Fließkurve beeinflußt
werden (Bild 16). Insbesondere weisen elektropolierte Proben, vermutlich durch einen geänderten Eigenspannungszustand
im Randbereich, einen anderen Verlauf der Fließkurve im Vergleich zu gedrehten Proben auf.

Aus den genannten Gründen wurden für die weiteren Untersuchungen ausschließlich CNC-gedrehte Proben in unbehandeltem
Zustand der Probenoberfläche verwendet.

3.4   STAUCHVERSUCH

Die Stauchversuche wurden auf einer 630 kN C-Gestellpresse
nach der Vorgehensweise von Diether /43/ durchgeführt. Bei

geeigneter Wahl von Kurbelhub und Pleuellänge wird dabei ein annähernd konstantes Verhältnis von Stößelgeschwindigkeit zu Stößelweg erreicht werden. Somit kann bei einer Ausgangshöhe der Proben von 16mm und einer Endhöhe von 5mm mit einer nahezu konstanten Umformgeschwindigkeit im Bereich $0 < \varphi < 1,0$ gestaucht werden. Bei höheren Umformgraden fällt dann die Geschwindigkeit steil ab.

Neben konventionellen Zylinderstauchproben wurden Rastegaev-Proben /44/ verwendet, um den Reibungseinfluß beim Stauchvorgang zu minimieren. Aufgrund der guten Schmierung bauchen Rastegaev-Proben nicht aus und führen zu einer nahezu homogenen Umformung /45/.

Da bei höheren Temperaturen schlanke Stauchproben zum Ausknicken neigen, wurden Proben mit einem Schlankheitsgrad von 1 gewählt (Bild 17). Für die Rastegaev-Proben wurde einer Geometrieempfehlung nach /46/ gefolgt.

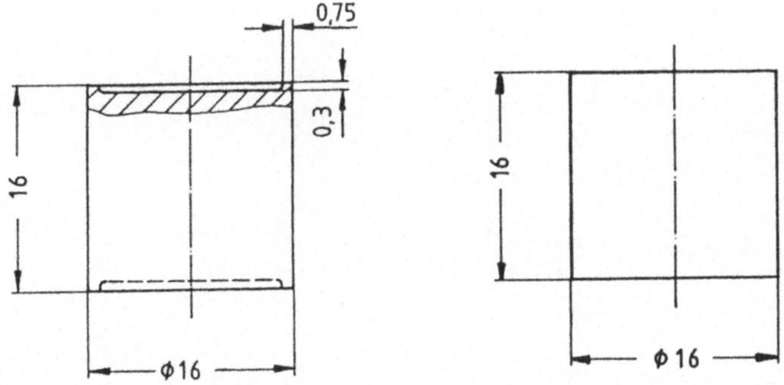

Bild 17: Proben für Stauchversuch.

Beim Stauchen von Rastegaev-Proben aus dem Aluminiumwerkstoff AlMgSi 1 wurde als Schmierstoff eine nickelhaltige Paste (NS 165 Nickel-Spezial, Never-Seez) ausgewählt. Dieser

Schmierstoff weist kurzzeitig im angewandten Temperaturbereich zwischen 200 und 500°C viskose Eigenschaften auf, die
Voraussetzung für die Durchführung von Rastegaev-Stauchver-
suchen sind. Das Auftragen des Schmierstoffes erfolgte un-
mittelbar vor dem Stauchvorgang auf die erwärmte untere
Stauchbahn und auf die obere Schmiertasche der erwärmten
Probe.

Als Schmierstoff für den Stahlwerkstoff 16 MnCr 5 kam ein
Hochtemperaturschmierstoff für die Warmumformung (Phospha-
therm, Molykote) zur Anwendung. Dieser Schmierstoff ist zur
Warmumformung von Stählen, insbesondere auch von hochlegier-
ten Sonderstählen im Temperaturbereich zwischen 600 bis
1200°C geeignet. Er bildet dabei eine viskose Schmelze, die
als nichtmetallische duktile Grenzphase Hochdruckeigenschaf-
ten und eine geringe Reibungszahl aufweist, so daß ein Ver-
schweißen zwischen Werkzeug und Werkstück verhindert wird.
Der Schmierstoff ist deshalb besonders geeignet zur Durchführung von Stauchversuchen nach Rastegaev bei erhöhten Temperaturen.

4 GENAUE AUSWERTUNG FÜR HOHLE PROBEN

4.1 BERECHNUNG DER FLIESSSPANNUNG

4.1.1 Differentiation für dünnwandige hohle Proben

Für hohle Proben kann nur eine geschlossene Näherungslösung
gelten, wenn vorausgesetzt wird, daß eine konstante Span-
nungsverteilung im Rohrquerschnitt herrscht. Unter Berücksichtigung des Zusammenhanges

$$\gamma_{a1} = \frac{a_1}{a}\,\gamma_a \tag{13}$$

können nun das Drehmoment analog den Gleichungen (7) und (8)
in den Grenzen γ_{a_1} bis γ_a bzw. $\dot{\gamma}_{a_1}$ bis $\dot{\gamma}_a$ integriert und
beide Integrationen zusammengefaßt werden. Für die Schub-
spannung wird somit erhalten

$$\tau(\gamma_a, \dot{\gamma}_a) = \frac{3M}{2\pi a^3 (1 - \frac{a_1}{a})^3}\,(1 + \frac{1}{3M}\,(\gamma_a\,\frac{\partial M}{\partial \gamma_a} + \dot{\gamma}_a\,\frac{\partial M}{\partial \dot{\gamma}_a})) \tag{14}$$

Für den Grenzfall $a_1 = 0$ (massive Probe) geht Gleichung (14)
in Gleichung (9) über, die bekannte Beziehung nach Fields
und Backofen /7/. Gleichung (14) gilt nur bei dünnwandigen
Querschnitten in guter Näherung, weil dann die Annahme einer
konstanten Schubspannungsverteilung noch am ehesten Gültigkeit besitzt, wie beispielsweise von Heymann und Balla /5/
anhand röntgenographischer Messungen nachgewiesen wurde. Für
dickwandige Proben ($a_1/a < 0,8$) ist die Berechnung nach
Gleichung (14) nicht sinnvoll.

4.1.2 Näherung am "kritischen" Radius

Im folgenden wird eine Rechenvorschrift zur Berechnung der
Schubspannung aus dem gemessenen Drehmoment für hohle Proben
in gleicher Näherung wie in /47,48/. für massive Querschnitte
entwickelt. Die vollständige mathematische Herleitung der
Rechenvorschrift wird im Anhang beschrieben. An dieser Stel-

le sollen nur die wichtigsten Schritte und Zusammenhänge aufgeführt werden.

An der Außenfaser der Probe sind die Werkstoffeigenschaften mehr als sonst irgendwo gestört, beispielsweise durch spanende Bearbeitung, Oxidation, Bildung von Eigenspannungen und von Mikrorissen /47,48,49,50,51/. Witzel /51/ beobachtete bei Aluminiumproben insbesondere für kleine Umformgeschwindigkeiten die Bildung von Hohlräumen im Innern der Probe. Vor allem durch das Auftreten von Rissen und Poren wird aufgrund der Querschnittsschwächung das Drehmoment dort nicht mehr voll übertragen.

Darüber hinaus bestehen bei Auswertung nach Gleichung (4) und Gleichung (9) die in Kap. 2.2.1 angesprochenen grundsätzlichen Schwierigkeiten.

Es wird deshalb eine Auswertung zur Berechnung der Schubspannung für einen Radialabstand im Innern der Probe empfohlen.

Analog zur Vorgehensweise in /47/ für Vollproben wird zuerst die Gleichung (1) als "nullte Näherung" vorausgesetzt, so daß für die Schubspannung als Funktion der Schiebung und Schiebungsgeschwindigkeit geschrieben werden kann

$$\tau_0(\gamma, \dot{\gamma}) = C \, \gamma^n \dot{\gamma}^m \tag{15}$$

Durch Einsetzen von Gleichung (15) in Gleichung (6) folgt für das bei der Fließkurve zu erwartende Drehmoment als nullte Näherung bei Verwendung eines Hohlzylinders

$$M_0(a, a_1, \gamma_a, \dot{\gamma}_a) = \frac{2\pi C}{3 + p} \, a^3 \gamma_a^n \, \dot{\gamma}_a^m \, J_3\,(a, a_1) \tag{16}$$

wobei in den Abkürzungen

$$p = n + m \tag{17}$$

und

$$j_k = j_k(a, a_1) = 1 - \left(\frac{a_1}{a}\right)^{k+p} \quad ; \qquad k = 3, 4, 5 \tag{18}$$

die Abhängigkeit vom Werkstoffverhalten und vom Radienverhältnis enthalten sind. Der p-Wert hat dabei keine physikalische Bedeutung, sondern stellt nur die mathematische Summe aus Verfestigungsexponent n und Geschwindigkeitsexponent m dar.

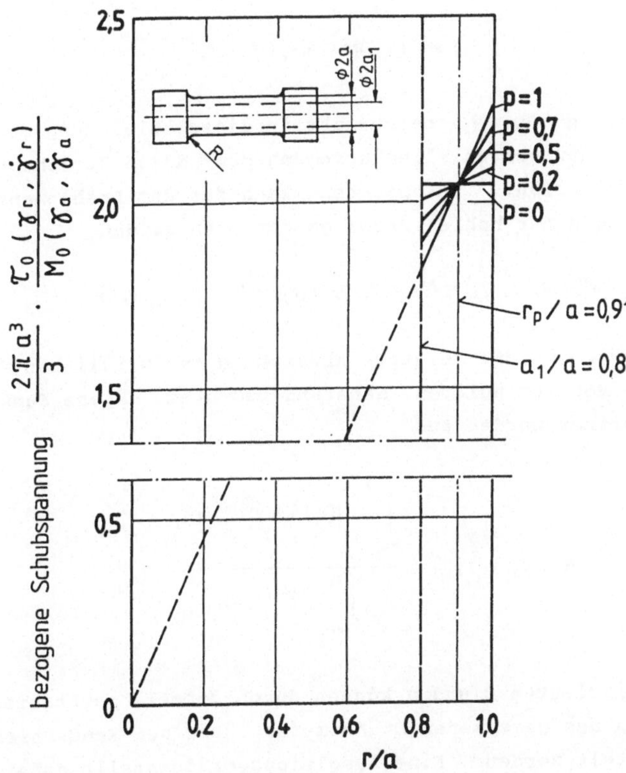

Bild 18: Schubspannung in einer langen hohlen Torsionsprobe.

Wird der Quotient τ_0/M_0 als Funktion des Radialabstandes aufgetragen, so schneiden sich die für unterschiedliche p-Werte berechneten Kurven fast genau in einem Punkt, der für das Radienverhältnis $a_1/a = 0,8$ bei $r \approx 0,91a$ liegt (Bild 18). Dies bestätigt, daß auch für Hohlproben ein ausgezeichneter, sog. "kritischer" Radius existiert, für den die Schubspannung bei gegebenem Drehmoment stets den gleichen Wert besitzt.

Für die unbekannte, wirkliche Schubspannung wird nun angesetzt

$$\tau(\gamma, \dot{\gamma}) = \tau_0(\gamma, \dot{\gamma})(1 + f(\gamma, \dot{\gamma})) \tag{19}$$

Die Funktion $f(\gamma, \dot{\gamma})$ beschreibt in dieser Gleichung die Abweichung der wahren Fließkurve von dem durch Gleichung (1) gegebenen Verlauf. Entsprechend kann für das Drehmoment bei Verwendung einer hohlen Probe geschrieben werden

$$M(a, a_1, \gamma_a, \dot{\gamma}_a) = M_0(a, a_1, \gamma_a, \dot{\gamma}_a)(1 + \bar{f}(\gamma_a, \dot{\gamma}_a, \gamma_{a_1}, \dot{\gamma}_{a_1})) \tag{20}$$

wobei $\bar{f}(\gamma_a, \dot{\gamma}_a)$ die relative Abweichung des wirklichen Drehmomentes von der nullten Näherung bedeutet. Diese Funktion kann bestimmt werden aus

$$\bar{f}(\gamma_a, \dot{\gamma}_a, \gamma_{a_1}, \dot{\gamma}_{a_1}) = \frac{\displaystyle\int_{\gamma_{a_1}}^{\gamma_a} f(\gamma_r, \dot{\gamma}_r)\, \gamma_r^{(2+p)}\, d\gamma_r}{\displaystyle\int_{\gamma_{a_1}}^{\gamma_a} \gamma_r^{(2+p)}\, d\gamma_r} \tag{21}$$

Die Koeffizienten C und n können durch doppellogarithmisches Auftragen des gemessenen Drehmoments über der Randschiebung γ_a ermittelt werden. Eine Ausgleichsgerade stellt dabei den Verlauf von $M_0(a, a_1, \gamma_a, \dot{\gamma}_a)$ aus Gleichung (16) dar. Der Verfestigungsexponent n entspricht der Steigung der Geraden, während sich die Konstante C aus den Achsenabschnitten ergibt. Die Bestimmung des Geschwindigkeitsexponenten m erfolgt mittels Durchführung von mindestens zwei Versuchen bei unterschiedlichen Geschwindigkeiten, wenn Gleichungen (1) bzw. (15) vorausgesetzt werden.

Nach der Bestimmung von n, m und C_1 muß noch die Funktion $f(\gamma, \dot{\gamma})$ für den "kritischen" Radius ermittelt werden.

Juferov und Gejko /13/ haben mehr qualitativ festgestellt, daß für unterschiedliche Verläufe der Fließkurve bei gegebenem Drehmoment die Schubspannung bei $r^* = 3/4a$ immer annähernd den gleichen Wert besitzt. Entsprechend diesem Näherungswert für Vollproben wird jetzt ein "kritischer" Radius r_p für Hohlproben berechnet, für den die Werte von Schiebung γ_a und Schiebungsgeschwindigkeit $\dot{\gamma}_a$ durch die Gleichungen

$$\gamma_p = \frac{r_p}{a}\, \gamma_a \tag{22}$$

und

$$\dot{\gamma}_p = \frac{r_p}{a}\, \dot{\gamma}_a \tag{23}$$

gegeben sind.

Die "Korrekturfunktion" wird so berechnet, daß die ersten Glieder einer Taylorentwicklung um den Außenradius a der Probe möglichst gut angenähert werden:

$$f(\gamma, \dot{\gamma}) = f(\gamma_a, \dot{\gamma}_a) + (\gamma - \gamma_a)\left(\frac{\partial f}{\partial \gamma}\right)_{\gamma_a} + (\dot{\gamma} - \dot{\gamma}_a)\left(\frac{\partial f}{\partial \dot{\gamma}}\right)_{\dot{\gamma}_a}$$

$$+ \frac{1}{2}(\gamma - \gamma_a)^2\left(\frac{\partial^2 f}{\partial \gamma^2}\right)_{\gamma_a} + (\gamma - \gamma_a)(\dot{\gamma} - \dot{\gamma}_a)\left(\frac{\partial^2 f}{\partial \gamma \partial \dot{\gamma}}\right)_{\gamma_a,\, \dot{\gamma}_a} \tag{24}$$

$$+ \frac{1}{2}(\dot{\gamma} - \dot{\gamma}_a)^2\left(\frac{\partial^2 f}{\partial \dot{\gamma}^2}\right)_{\dot{\gamma}_a}$$

Jetzt wird der "kritische" Radialabstand r_p bestimmt aus der Bedingung, daß sich aus Gleichung (24) für $f(\gamma_a, \dot{\gamma}_a, \gamma_{a1}, \dot{\gamma}_{a1})$, definiert durch Gleichung (21), und für die "Korrekturfunktion" $f(\gamma_a, \dot{\gamma}_a)$ beim "kritischen" Radius r_p , die gleichen linearen Glieder der Reihenentwicklung ergeben. Durch Koeffizientenvergleich (s. Anhang) ergibt sich sich

$$\frac{r_p}{a} = \frac{(3+p)}{(4+p)} \frac{j_4}{j_3} \tag{25}$$

Der durch diese Gleichung ausgedrückte "kritische" Radius ist derjenige, für den das lineare Glied in Gleichung (24) verschwindet.

Der "kritische" Radius r_p für hohle Proben hängt zum einen vom Radienverhältnis a_1/a, zum anderen vom p-Wert ab (Bild 19). Auffallend ist, daß der "kritische" Radius mit Zunahme des Radienverhältnisses praktisch unabhängig vom Werkstoffverhalten wird. Als Grenzwert, oberhalb dessen sich ein realistisch angenommener p-Wert nicht mehr auf r_p auswirkt, kann etwa $a_1/a \approx 0,7$ angegeben werden. Bei der Durchführung von Torsionsversuchen ist daher eine hinreichend geringe Wanddicke der hohlen Probe anzustreben.

Im "kritischen" Radialabstand muß $f(\gamma_p, \dot{\gamma}_p)$ und $f(\gamma_a, \gamma_{a1})$ in den Lineargliedern übereinstimmen /49/. Damit kann geschrieben werden

$$f_2(\gamma_p, \dot{\gamma}_p) = \overline{f}(\gamma_a, \dot{\gamma}_a, \gamma_{a_1}, \dot{\gamma}_{a_1}) + D^*(\gamma_a^2 \frac{\partial^2 f}{\partial \gamma_a^2} + 2\gamma_a \dot{\gamma}_a \frac{\partial^2 f}{\partial \gamma_a \partial \dot{\gamma}_a} + \dot{\gamma}_a^2 \frac{\partial^2 f}{\partial \dot{\gamma}_a^2}) \tag{26}$$

Dabei ist $f_2(\gamma_p, \dot{\gamma}_p)$ die zweite Näherung von $f(\gamma_p, \dot{\gamma}_p)$, wobei für den Koeffizienten D^*, der vor den quadratischen Gliedern in Gleichung (26) steht, gilt:

$$D^* = \frac{1}{2} \left(\left(\frac{3+p}{4+p} \right)^2 \left(\frac{j_4}{j_3} \right)^2 - \left(\frac{3+p}{5+p} \right) \frac{j_5}{j_3} \right) \tag{27}$$

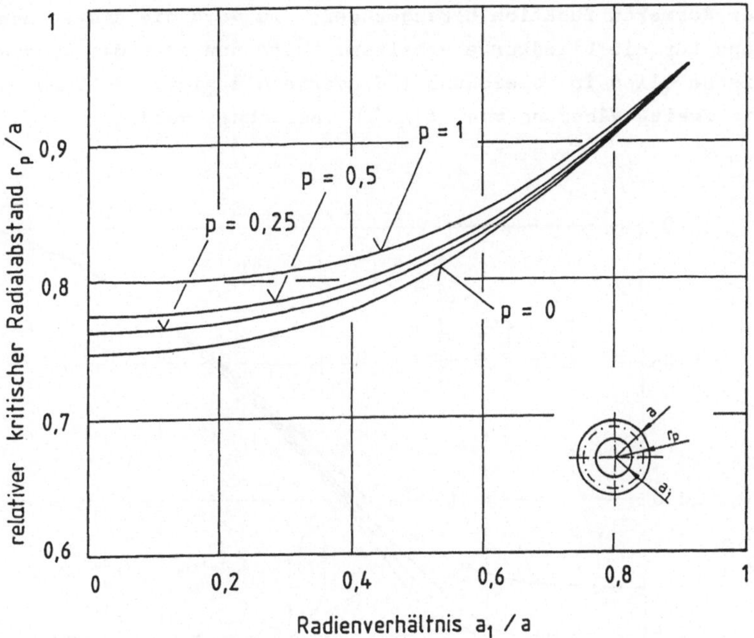

Bild 19: Kritischer Radialabstand r_p in Abhängigkeit vom Radienverhältnis und vom Werkstoffverhalten.

Das Konvergenzverhalten des Koeffizienten D* läßt vermuten, daß das Glied zweiter Ordnung auf der rechten Seite von Gleichung (26) insbesondere bei Hohlproben mit kleiner Wanddicke vernachlässigt werden kann, da D* in diesem Fall gegen Null strebt (Bild 20). Auch für massive Proben (a_1 = 0) wird ein Betrag von D* $\leq$ 0,02 erhalten. Dies bedeutet, daß das Glied zweiter Ordnung auf der rechten Seite von Gleichung (26) oft auch vernachlässigt werden kann. Wenn dies der Fall ist, so wird folgende Beziehung für die zweite Näherung der Schubspannung aus den Gleichungen (19) und (20) erhalten:

$$\tau_2(\gamma_p, \dot{\gamma}_p) = C \, \gamma_p^n \, \dot{\gamma}_p^m \, \frac{M(a, a_1, \gamma_a, \dot{\gamma}_a)}{M_0(a, a_1, \gamma_a, \dot{\gamma}_a)} \tag{28}$$

Würde die nullte Näherung für die Fließkurve zur Berechnung
der Korrekturfunktion herangezogen, so wird die erste Näherung für die Fließkurve erhalten. Wird nun aber das quadra-
tische Glied in Gleichung (26) vernachlässigt, so kann nur
die zweite Näherung von $f(\gamma_p, \dot{\gamma}_p)$ berechnet werden.

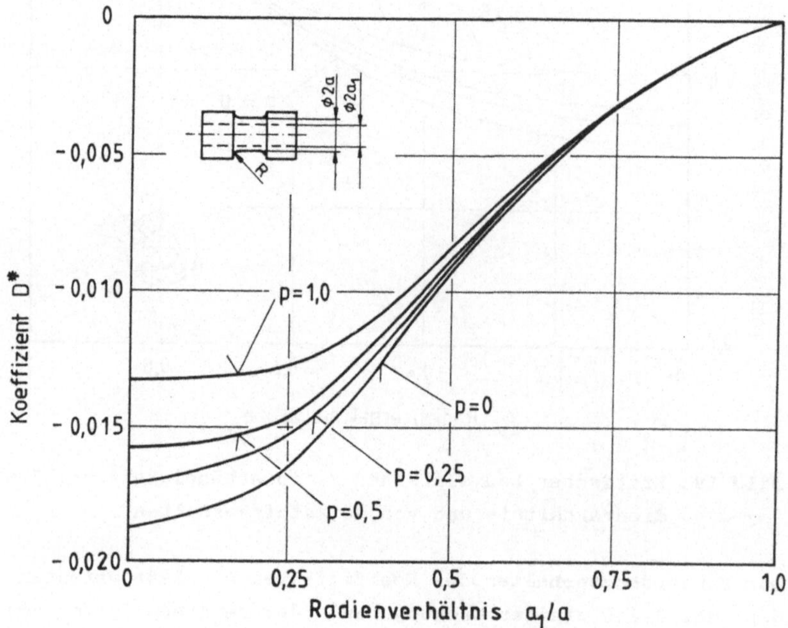

Bild 20: Konvergenzverhalten des Koeffizienten D*.

Mit den Gleichungen (16), (22), (23) und (25) ergibt sich
schließlich die zweite Näherung der Schubspannung unter der
Voraussetzung $0 < p < 0,5$

$$\tau_2(\gamma_p, \dot{\gamma}_p) = \frac{3M(a, a_1, \gamma_a, \dot{\gamma}_a)}{2\pi a^3} \left(\frac{j_4^p}{j_3^{(1+p)}} \right)(1 + \frac{p}{25}) \qquad (29)$$

Mit dem Koeffizienten κ abgekürzt ergibt sich die folgende Form für die Schubspannung

$$\tau_2(\gamma_p, \dot{\gamma}_p) = \kappa \, \frac{3M(a, a_1, \gamma_a, \dot{\gamma}_a)}{2\pi a^3} \tag{30}$$

Der Faktor κ ist abhängig vom p-Wert und vom Radienverhältnis a_1/a (Bild 21). Für den speziellen Fall einer Vollprobe ergibt sich $\kappa \approx 1,01$. Für $\kappa = 1$ würde sich die bekannte Näherung unter Voraussetzung eines idealplastischen Verhaltens bei Vernachlässigung des Geschwindigkeitseinflusses ergeben. Auffallend ist der geringe Einfluß des Werkstoffverhaltens, insbesondere für die interessanten Fälle massiver Proben und hohler Proben mit kleiner Wanddicke ($a_1/a \geq 0,8$) besteht praktisch keine Abhängigkeit vom p-Wert.

Aus Bild 21 wird außerdem deutlich, daß auch für dickwandige Proben unter der Vorausetzung eines realistischen p-Wertes (z.B. $0,2 < p < 0,3$) eine Auswertung nach Gleichung (30) für die Schubspannung in vertretbaren Fehlergrenzen möglich ist.

Gleichung (29) bzw. Gleichung (30) ersetzt Gleichung (14) bei der Auswertung des Torsionsversuches von Hohlzylindern, durch welche die Schubspannung auf herkömmliche Art für die Oberfläche der Probe berechnet wurde. Die Tatsache, daß keine Ableitungen von gemessenen Kurven in Gleichung (29) erscheinen, weist auf verbesserte Genauigkeit im Vergleich zu Gleichung (9) hin.

Eine Berechnung der Glieder zweiter Ordnung in Gleichung (26) sollte im Normalfall vermieden werden. Vorteilhafterweise können diese Glieder oft vernachlässigt werden, weil bei mäßigen Temperaturen die "Korrekturfunktion" $f(\gamma, \dot{\gamma})$ meist sehr klein ist und nicht stark von der "nullten" Näherung abweicht, so daß gilt $/ f(\gamma_a, \dot{\gamma}_a, \gamma_{a1}, \dot{\gamma}_{a1}) / \ll 1$. Bei hohen Umformtemperaturen jedoch ist ein oszillierender Verlauf der Fließkurve und oftmals eine oszillierende Funktion $f(\gamma, \dot{\gamma})$ infolge dynamischer Rekristallisation möglich.

In diesem Fall aber würde die Bestimmung der Glieder zweiter
Ordnung in Gleichung (26) die Berechnung der partiellen
Ableitung von $f(\gamma_a, \dot{\gamma}_a)$ nach der Schiebung γ_a und der Schiebungsgeschwindigkeit $\dot{\gamma}_a$ erfordern. Dies würde eine große An-
zahl von Versuchen mit unterschiedlichen Geschwindigkeiten
notwendig machen. Deshalb ist in solchen Fällen die Verwendung von Hohlzylindern anstelle von Vollproben zweckmäßig,
obwohl damit eine aufwendigere Fertigung verbunden ist.

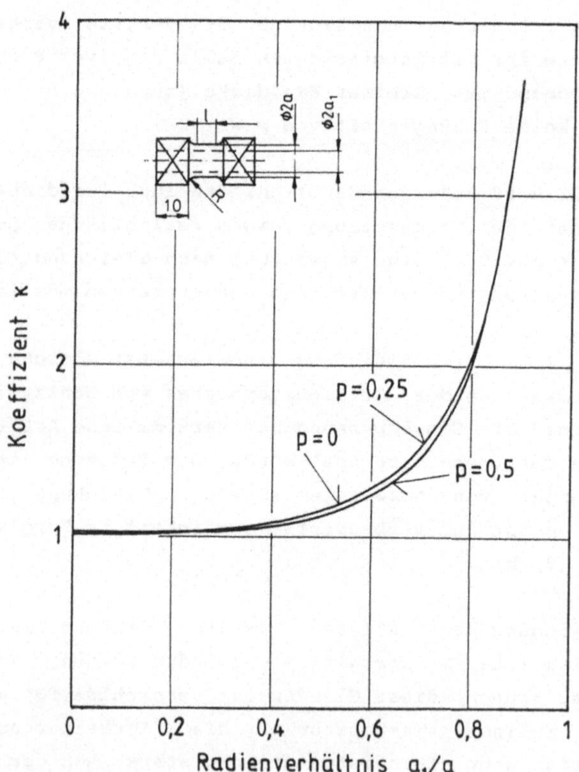

Bild 21: Koeffizient κ in Abhängigkeit vom Radienverhältnis
und vom Werkstoffverhalten.

Durch Verwendung hohler Proben wird der absolute Betrag des Koeffizienten D* auf der rechten Seite von Gleichung (26) wesentlich kleiner als bei massiven Proben. Weil das Glied zweiter Ordnung in Gleichung (26) beinahe Null wird, gibt Gleichung (28) die zweite Näherung der Schubspannung an.

Zum Beispiel ergibt sich bei Verwendung hohler Proben mit $a_1/a = 0,8$ in Gleichung (25) und (27)

$$\frac{r_p}{a} = 0,908 \quad und \quad D^* = -0,0016 \tag{31}$$

Schließlich folgt aus Gleichung (29) unter Voraussetzung realistischer p-Werte

$$\tau_2(\gamma_p, \dot{\gamma}_p) = 2,04 \frac{3M(a, a_1, \gamma_a, \dot{\gamma}_a)}{2\pi a^3} \tag{32}$$

Werte für die Koeffizienten κ und D* sowie für den kritischen Radius r_p in Abhängigkeit vom Radienverhältnis sind in Tabelle 3 zusammengefaßt, wobei ein p-Wert von 0,25 vorausgesetzt wird. Dies ist sicherlich für eine Vielzahl von Werkstoffen und Versuchsbedingungen richtig. Grundsätzlich gilt $0 < p < 0,5$ /49/.

Radienver- hältnis a_1/a	"kritischer" Radius r_p	Koeffizient D*	Koeffizient K
0	0,765	−0,0171363	1,01
0,4	0,789	−0,0119607	1,073
0,6	0,837	−0,006152	1,275
0,8	0,908	−0,00164	2,044
0,9	0,952	−0,00041513	3,679

Tabelle 3: "Kritischer" Radialabstand, Koeffizienten D* und κ für einige Radienverhältnisse.

Die Fließspannung errechnet sich schließlich unter Verwendung von Gleichung (28) und des Fließkriteriums:

$$k_f = \beta \tau_2 \tag{33}$$

wobei

$\beta = \sqrt{3}$ beim Fließkriterium nach v. Mises

$\beta = 2$ beim Fließkriterium nach Tresca

$$\tag{34}$$

4.2 WIRKSAME LÄNGE

4.2.1 Raumtemperatur

Bei Verwendung extrem kurzer Proben (ohne zylindrisches Mittelstück, s. Bild 11), wie sie beispielsweise in /52 bis 56/ angewandt wurden, ist die Festlegung einer Probenlänge mit Schwierigkeiten verbunden. Es wurde deshalb in /52/ der Begriff der "wirksamen Probenlänge" lw eingeführt, um die Schiebung in der Mittelachse kurzer Proben angeben zu können. Die "wirksame Länge" ist definiert als der an der Umformung beteiligte Abschnitt der Gesamtlänge der Probe.

Bild 22 zeigt das Kleinstlasthärteprofil einer tordierten hohlen Probe aus AlMgSi 1. Aus dieser Darstellung ist zu erkennen, daß Volumenbereiche im Übergangsradius R vom zylindrischen Mittelteil zum Probenkopf an der Umformung beteiligt sind.

Grundsätzlich kann die wirksame Länge experimentell oder "semi-empirisch" ermittelt werden.

Beim experimentellen Verfahren werden kurze und lange Proben aus dem gleichen Werkstoff und mit gleichen Probenradien a bzw. a₁ und gleichem Kerbradius R tordiert, s. Bild 11. Die wirksame Länge wird aus dem Verhältnis der bei gleichem Drehmoment gemessenen Drehwinkel erhalten /48,52,57/.

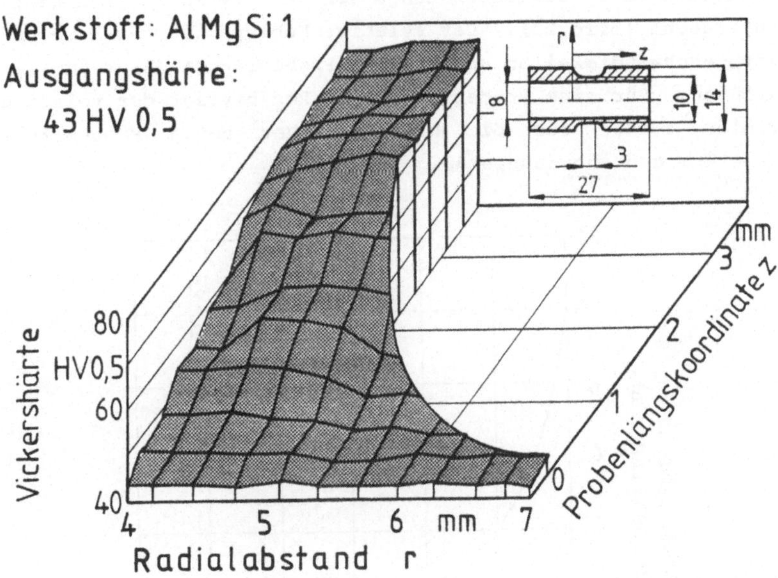

Bild 22: Kleinlasthärteprofil in einer tordierten hohlen Probe aus AlMgSi 1.

Bei der semiempirischen Bestimmung muß der p-Wert (p=n+m), Gleichung (17) bekannt sein. Die Berechnung der wirksamen Länge für Hohlproben erfolgt über das Integral

$$l_w = 2\pi \int_0^R \left(\frac{a(0)^{3+p} - a_1^{3+p}}{a(z)^{3+p} - a_1^{3+p}} \right)^{\frac{1}{p}} dz \qquad (35)$$

Im Vergleich zu kurzen massiven Proben ergeben sich für hohle Proben kleinere wirksame Längen, die mit Zunahme des p-Wertes ansteigen /32,52/. Die Wahl eines größeren Übergangsradius R führt ebenfalls zu einer Zunahme der wirksamen Länge.

Zur Bestimmung einer optimalen Probenlänge wurde in Abhängigkeit von der Umformgeschwindigkeit und vom Fehler bei der Ermittlung der wirksamen Länge von der zylindrischen Länge untersucht (Bild 23). Der relative Fehler ist für hohe Umformgeschwindigkeiten und kleine Probenlängen (l_z < 2mm) am größten. Für eine Probenlänge l_z = 2mm beträgt der relative Fehler 4,5%, für die hier oft verwendete Probenlänge l_z = 4mm größenordnungsmäßig 3%.

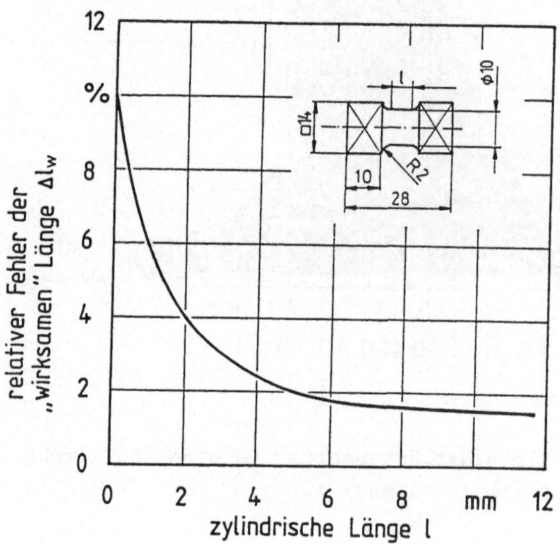

Bild 23: Relativer Fehler der "wirksamen" Länge.

4.2.2 Erhöhte Temperaturen

Die Güte der berechneten wirksamen Länge hängt bei Betrachtung von Gleichung (35) insbesondere für Halbwarm- und Warmtorsion stark von der exakten Kenntnis des Geschwindigkeitsexponenten m bzw. des p-Wertes ab. Problematisch ist hierbei die Bestimmung des Geschwindigkeitsexponenten in Abhängigkeit vom Umformgrad.

In /58/ wurde festgestellt, daß ein konstanter m-Wert für
die jeweilige Temperatur erst ab einer bestimmten Formänderung vorliegt. Dieser Zusammenhang wurde an einem unlegier-
ten Baustahl ermittelt. Im Anfangsbereich nimmt die Dehngeschwindigkeitsempfindlichkeit m kontinuierlich zu bis zu einem Maximalwert, danach folgt eine geringe Abnahme und ein
konstanter Wert bis zum Vorgangsende. Der m-Wert und die
Fließspannung weisen damit für den Anfangsbereich einen ähnlichen relativen Verlauf über dem Umformgrad auf. Somit
scheint die Annahme eines konstanten p-Werts über den ganzen
Vorgang vertretbar. Die Annahme einer konstanten wirksamen
Länge l_w ist damit ebenfalls akzeptabel, ohne daß ein zu
großer Fehler entsteht.

Angaben über den Geschwindigkeitsexponenten in Abhängigkeit
von der Temperatur können für viele Werkstoffe z.B. aus /59/
entnommen werden, wobei ein konstanter Wert für die jeweilige Temperatur vorausgesetzt wird, so daß der Differential-
quotient d $\ln k_f$/ d $\ln \dot{\varphi}$ über dem Gesamtvorgang konstant ist.
Zur Ermittlung der Dehngeschwindigkeitsempfindlichkeit ist
somit eine Reihe von Versuchen notwendig.

Neumann und Spittel /18/ bestätigten an Großproben
(a = 93mm), daß insbesondere für große Umformgrade die nach
Gleichung (35) berechnete wirkliche Länge wesentlich genauer
die realen Verhältnisse in der Umformzone wiederspiegelt, so
daß auch für Warmtorsion die Anwendung der wirksamen Länge
empfohlen wird.

Für den Aluminiumwerkstoff AlMgSi 1 ergaben eigene Untersuchungen, daß in Abhängigkeit von der Temperatur kaum Unterschiede in der "wirksamen" Länge festzustellen sind. Aus den
Schliffbildern massiver Proben (Bild 24) wird deutlich, daß
für erhöhte Temperaturen der Anteil des Probenkopfes an der
plastischen Zone relativ groß ist. Im Vergleich zu berechneten Werten sind die tatsächlich auftretenden "wirksamen"
Längen größer. Daher ist zu empfehlen, die wirksame Länge

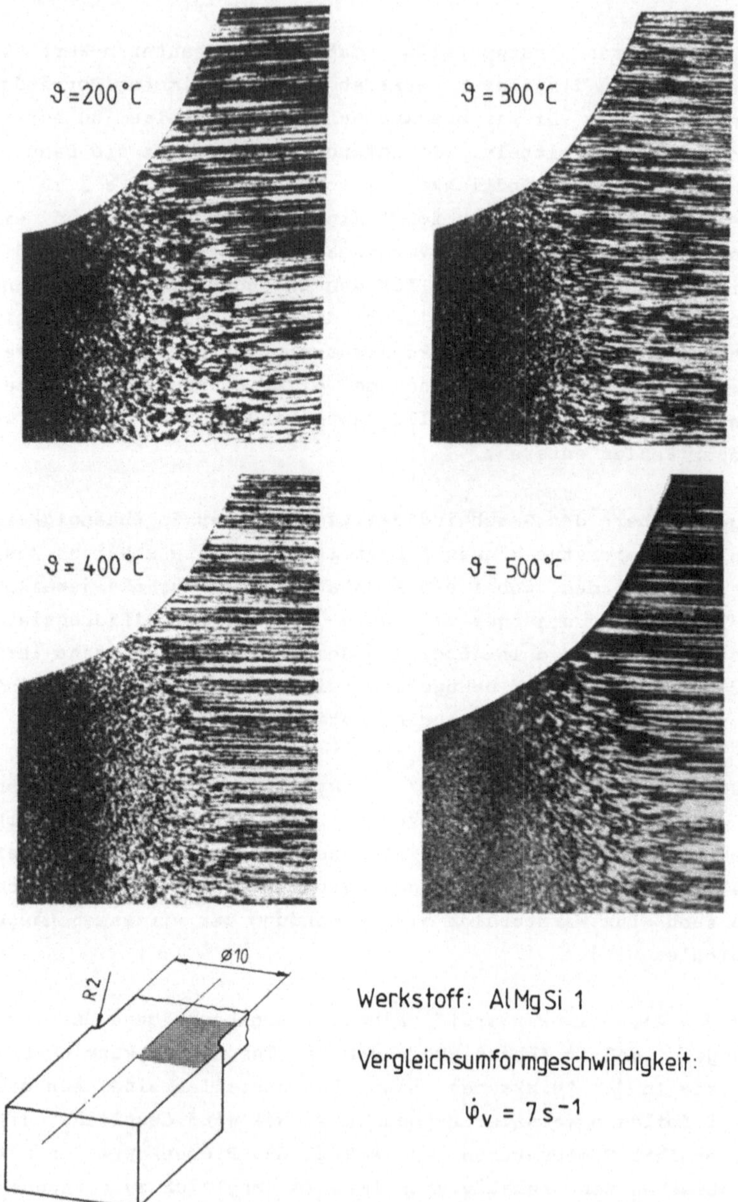

Bild 24: Schliffbilder der Übergangszone massiver Proben für verschiedene Temperaturen, AlMgSi 1.

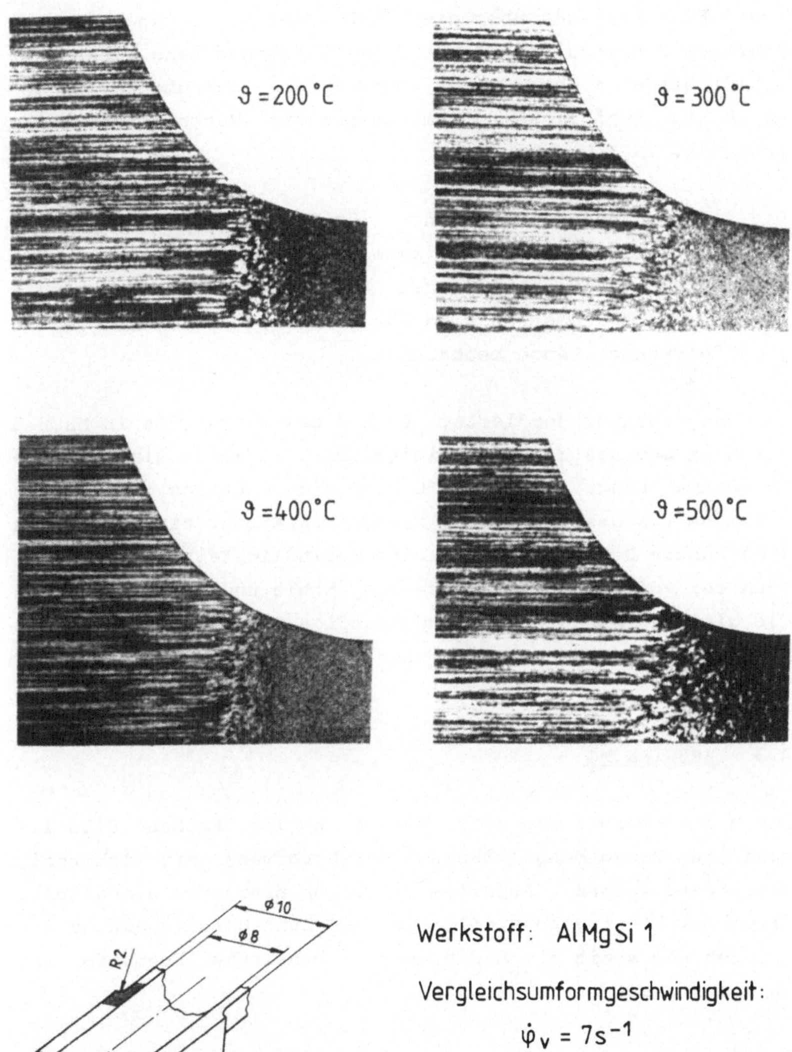

Bild 25: Schliffbilder der Übergangszone dünnwandiger hohler
Proben für verschiedene Temperaturen, AlMgSi 1.

der Probe bei erhöhten Temperaturen experimentell zu bestimmen. Eine Aussage über die Richtigkeit einer angenommenen konstanten Probenlänge während des Vorganges kann anhand der Schliffbilder nicht gemacht werden, da der umgeformte Bereich in Abhängigkeit vom temporären Werkstoffverhalten schwankt.

Die entsprechenden Umformzonen für dünnwandige hohle Proben (Bild 25) zeigen ebenfalls kaum eine Abhängigkeit von der Temperatur im Bereich zwischen 200°C und 500°C. Unabhängig von der Probengeometrie wird für Raumtemperatur eine niedrigere "wirksame" Länge beobachtet.

Die Untersuchung tordierter Proben des Werkstoffs 16 MnCr 5 zeigt im Gegensatz zum Aluminiumwerkstoff keine einheitliche "wirksame" Länge. Für 1000°C wird eine deutlich größere Umformzone festgestellt. Bei dieser Temperatur wird aber auch eine höhere Dehngeschwindigkeitsempfindlichkeit m ermittelt. Auch bei diesem Werkstoff zeigen hohle und massive Proben die gleiche Tendenz, wobei dünnwandige Hohlproben wieder eine kleinere Umformzone aufweisen.

4.3 KERBWIRKUNG

Durch die Verwendung sehr kurzer hohler Proben (Bild 11) kann eine Verwölbung während der Umformung mit Sicherheit verhindert werden. Außerdem wird es hierdurch ermöglicht, eine hohe Umformgeschwindigkeit und hohe Umformgrade zu erreichen und somit die Bedingungen technischer Warmumformung zu simulieren.

Bei den verwendeten Probengeometrien führen die Übergangsradien R vom zylindrischen Mittelteil der Länge l zu den quadratischen Einspannköpfen zu einer Kerbwirkung. Bei Proben mit hinreichend großer Länge l des zylindrischen Abschnitts ist die Kerbwirkung gering oder vernachlässigbar /49/.Die Verwendung von extrem kurzen Proben macht jedoch eine Diskussion der Auswirkung der Kerben auf die Verteilung von Spannung und Schiebung notwendig, weil der lineare Zusammenhang zwischen Schiebung und Radialabstand nach Gleichung (2) nicht mehr zutrifft.

Entsprechend der Vorgehensweise in /14/ wurde deshalb unter Voraussetzung von Gleichung (15) folgende Beziehung für die Schiebung bei einem gegebenen Drehmoment für eine extrem kurze hohle Probe mit nicht allzu scharfen Kerben hergeleitet:

$$\gamma_{rK}(r,\Theta) = \frac{r\,\Theta}{l_w}\left(1 + \frac{1}{2Ra}\left(r^2 - \left(\frac{3+p}{5+p}\right)a^2\frac{j_5}{j_3}\right)\right) \tag{36}$$

In Bild 26 ist der Zusammenhang zwischen lokaler Schiebung und Radialabstand für ein Radienverhältnis $a_1/a = 0,8$ dargestellt. Unter lokaler Schiebung ist hierbei die in Hinblick auf die Kerbwirkung korrigierte Schiebung γ_{rK}, bezogen auf die Randschiebung, zu verstehen. Angenommen wurde dabei eine Summe aus Verfestigungs- und Geschwindigkeitsexponent $p = 0,25$. Für verschiedene Kerbradien R ergibt sich eine Kurvenschar, die sich ähnlich wie in Bild 18 in fast genau einem Punkt schneidet. Der Schnittpunkt beim gewählten Radienverhältnis $a_1/a = 0,8$ liegt etwa bei $r = 0,91a$.

Die in Bild 26 gezeigten Kurven legen es nahe, auch einen "kritischen" Radius in Bezug auf den Kerbeffekt festzulegen, der im weiteren mit r_K bezeichnet werden soll. Ausgehend von der Bedingung

$$\frac{\partial \gamma_{rK}}{\partial_R} = 0 \quad \text{für} \quad r = r_K \tag{37}$$

wird für den "kritischen" Radialabstand bei Hohlproben erhalten

$$r_K = a\sqrt{\frac{(3+p)}{(5+p)}\frac{j_5}{j_3}} \tag{38}$$

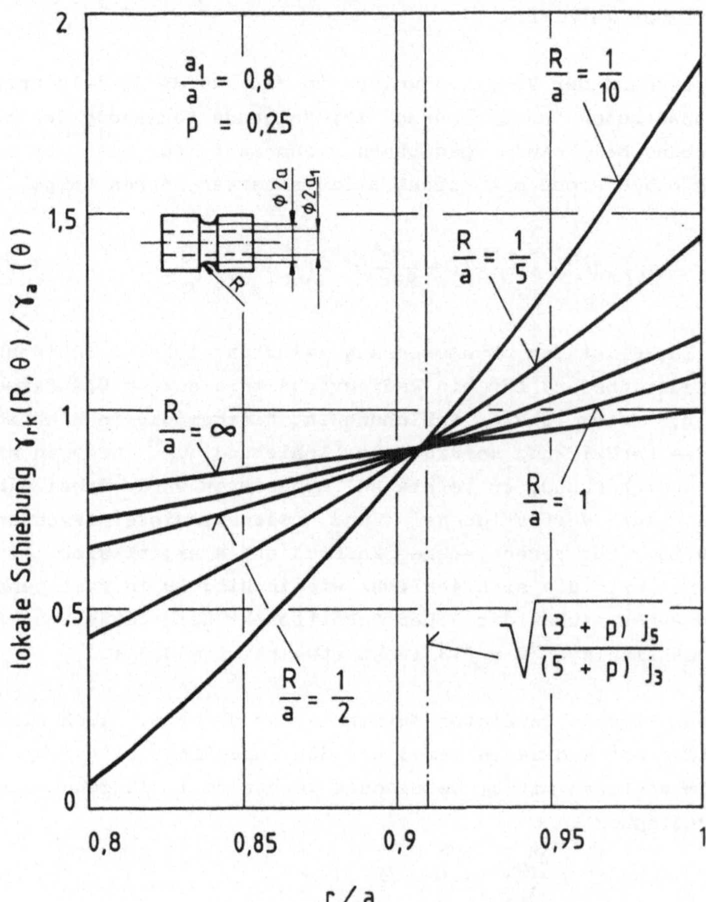

Bild 26: Lokale Schiebung in einer kurzen hohlen Probe.

Für diesen Radius verschwindet das Korrekturglied in Gleichung (36). Ersichtlich weicht der Schnittpunkt der Kurven in Bild 26 nur unwesentlich vom berechneten Radius r_k ab.

Beim Übergang von der massiven zur hohlen Probe stimmen die kritischen Radien in bezug auf den p-Wert und in bezug auf die Kerbgeometrie immer besser überein, je kleiner die Wanddicke gewählt wird. In Bild 27 ist zu erkennen, daß ab einem Radienverhältnis $a_1/a \approx 0,8$ beide kritischen Radien in etwa den gleichen Wert aufweisen, während im Fall einer massiven Probe deutliche Unterschiede festzustellen sind.

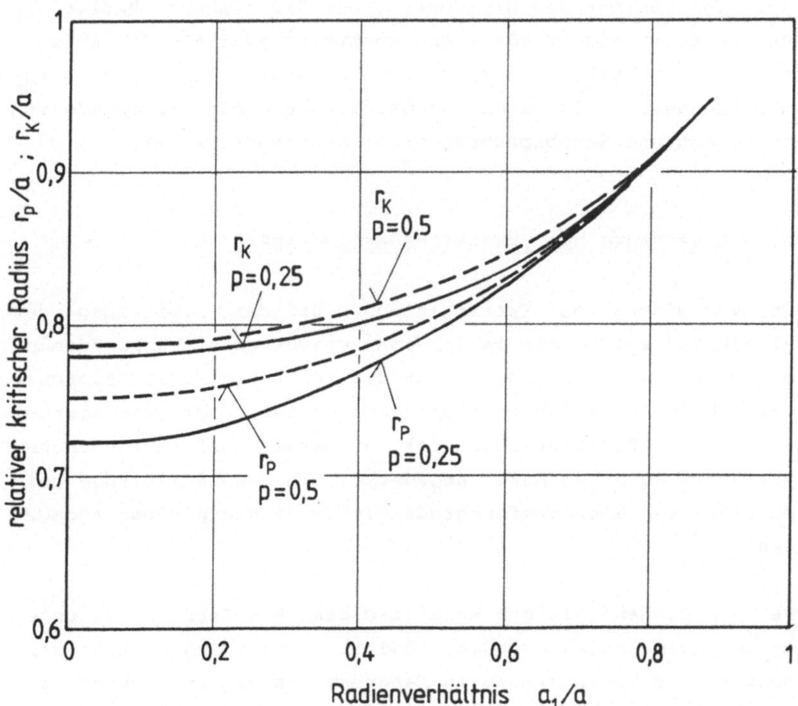

Bild 27: Kritische Radien r_p und r_K in Abhängigkeit vom Radienverhältnis und vom Werkstoffverhalten.

Werden die kritischen Radien r_p und r_K in Abhängigkeit vom p-Wert für das Radienverhältnis $a_1/a = 0,8$ verglichen, so wird festgestellt, daß praktisch keine Abhängigkeit vom Werkstoffverhalten bei dieser Probengeometrie vorhanden ist.

Für einen Radialabstand, bei dem die Kerbwirkung keinen Einfluß auf die Schiebung hat, wirken sich auch etwaige bei
ihrer Berechnung gemachte Vereinfachungen nur wenig auf die
ermittelte Schiebung aus. Aufgrund der Unabhängigkeit von r_K
vom Kerbradius R ist nur der Fehler zu berücksichtigen, der
sich durch Einsetzen eines geschätzten p-Wertes in Gleichung (36) ergibt.

Aus der annähernden Gleichheit der "kritischen Radien" r_P
und r_K folgt eine zusätzliche Rechtfertigung für die Auswertung an der Stelle $r = r_P$. Dies bedeutet, daß sowohl Werkstoffkennwerte als auch Geometriedaten die Berechnung von
Schiebung und Schubspannung nicht mehr verfälschen.

4.4 BERECHNUNG DES VERGLEICHSUMFORMGRADES

Zur Vermeidung von Extrapolationen bei der Ermittlung der
Fließkurve sollte die im Torsionsversuch erreichbare Formänderung so weit wie möglich an die bei technischer Umformung
erreichten Maximalwerte angenähert werden. Mit den hierbei
erzielbaren Formänderungen ist der Bereich umformtechnischer
Verfahren in hohem Maße abgedeckt. In /60,61/ werden beispielsweise Gesamtumformgrade bis $\varphi = 5$ und darüber angegeben.

Bei ausreichend kleiner Wanddicke kann bei Torsionsversuchen
davon ausgegangen werden, daß im verbleibenden Rohrquerschnitt die Formänderung in Näherung homogen ist. Dies wird
beispielsweise durch die Härteverteilung aus Bild 22 für den
Aluminiumwerkstoff AlMgSi 1 bestätigt.

Aus Bild 28 folgt, daß mit Hilfe von Kleinlasthärtemessungen
eine homogene Verteilung der Formänderung in radialer Richtung für ein Radienverhältnis $a_1/a = 0,8$ nachgewiesen werden
kann. Bei dickwandigeren Proben wird mit Zunahme der Wanddicke eine steigende Inhomogenität über den Rohrquerschnitt
erhalten. Die Mikrohärteverteilung zeigt weiter, daß Linien

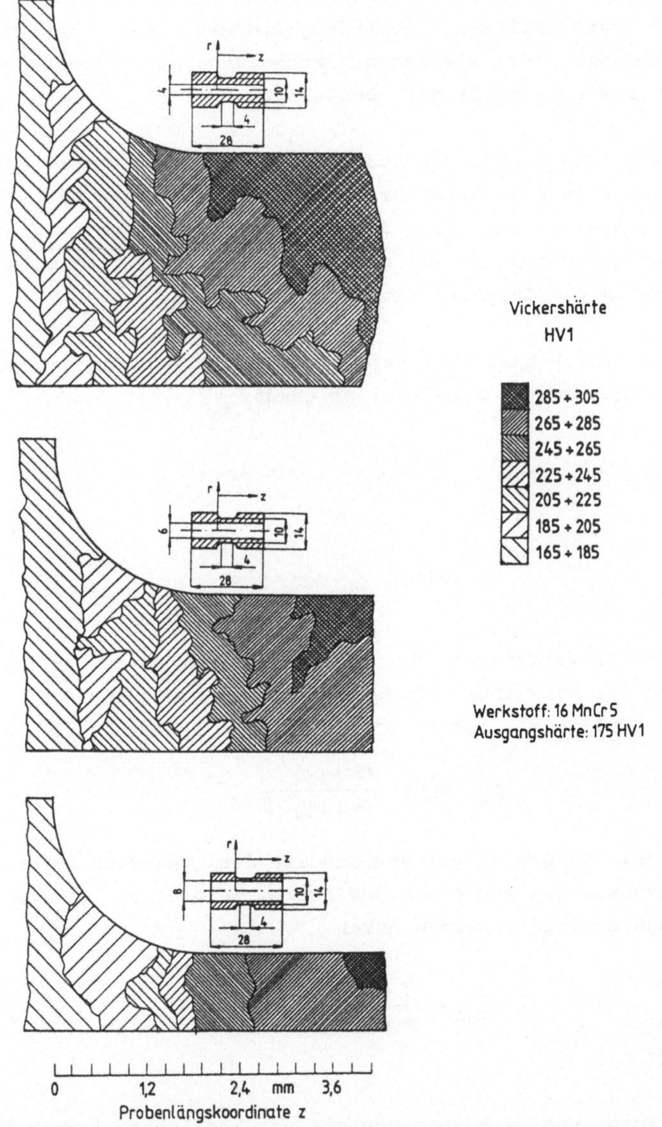

Bild 28: Kleinlasthärteverteilung in tordierten Proben mit verschiedenen Innendurchmessern.

gleicher Härte mit den Scherflächen nach /52/ dem Verlauf
nach übereinstimmen. Außerdem wird mit dieser Darstellung
die Abnahme der wirksamen Probenlänge mit zunehmendem Radienverhältnis qualitativ bestätigt.

Deshalb braucht bei der Auswertung eines Versuches auf die
Abhängigkeit des Umformgrades vom Radialabstand nicht näher
eingegangen werden, d.h. die ermittelte Fließkurve hängt nahezu nicht davon ab, wie gut die Annahmen der Isotropie, Homogenität und Inkompressibilität sind.

Grundsätzlich hängt der Umformgrad vom Schlankheitsgrad der
Probe und vom Verdrehwinkel ab gemäß

$$\gamma_a = \frac{a}{l_w}\, \Theta \tag{39}$$

und

$$\varphi_v = \frac{1}{\beta}\, \gamma_a \tag{40}$$

Bei der Auswertung am "kritischen" Radius unter Berücksichtigung der wirksamen Länge ergibt sich somit für den allgemeinen Fall einer hohlen Probe folgende Rechenvorschrift:

$$\varphi_p = \varphi(\gamma_p) = \frac{(3+p)j_4}{(4+p)j_3}\, \frac{\gamma_a}{\beta} \tag{41}$$

Für das Formänderungsvermögen ist der maximale Umformgrad
(Umformgrad bis zum Bruch der Probe) maßgebend. Dieser kann
demnach ermittelt werden durch

$$\varphi_{p_{max}} = \frac{(3+p)j_4}{(4+p)j_3}\, \frac{\gamma_{a_{max}}}{\beta} \tag{42}$$

Die Forderung nach Verwendung einer möglichst langen Probe
zur Vermeidung von Kerbwirkung führt in den meisten Fällen
zu einer inhomogenen Formänderungsverteilung in Axialrichtung. Die Auswertung mit Hilfe von Gleichung (2) hat deshalb

größere   Fehler   zur   Folge.   Mehrere   Autoren
/z.B. 18,25,40,62,63/ wiesen darauf hin, daß bei langen Proben eine starke Inhomogenität entsteht. Insbesondere bei
Warmtorsion kann eine lokale Erwärmung der Probe (durch die
Erwärmung, aber auch durch örtliche Umformwärme) zu einer
deutlichen Inhomogenität der Umformung führen. Im Extremfall
nimmt nur noch ein Bruchteil der Probe an der Umformung teil
/25/.

Frobin /62/ stellte   für   lange massive   Torsionsproben
(l = 100mm) eine stark inhomogene Umformung fest und unter-
teilte sie deshalb in drei Zonen. Darüber hinaus wird darauf
hingewiesen, daß durch Wanderung der lokalen Umformzone op-
tisch der Eindruck einer homogenen Umformung enstehen kann,
was in /63/ sehr eindrucksvoll demonstriert wird. Neumann
und Spittel /18/ weisen bereits für den Beginn des Torsions-
vorgangs eine Inhomogenität der Formänderung nach, die mit
zunehmenden Schlankheitsgrad ansteigt und durch höhere Umformgeschwindigkeiten verstärkt wird. In /64/ wurde bei
Raumtemperatur für massive Kupferproben festgestellt, daß
die Inhomogenität in Axialrichtung erst nach einer Instabi-
litätsphase einsetzt. Das Auftreten dieser Phase hängt ab
vom Umformgrad, der Probengeometrie und von der Umformgeschwindigkeit.

5 ERGEBNISSE

5.1 VERGLEICH VERSCHIEDENER AUSWERTUNGSMETHODEN

Zunächst wurde untersucht, welche grundsätzlichen Unterschiede bei Anwendung der verschiedenen Auswertungsmethoden
bestehen. Zur Berechnung der Fließkurven diente ein FOR-
TRAN-Rechenprogramm, das mit Hilfe von Geomtriedaten und aus
Meßwerten der Drehmoment-Drehwinkel-Kurve die Kurvenpunkte
ermittelt. Im Anschluß folgt das Ausplotten der berechneten
Fließkurve bzw. der Kurvenpunkte.

Im einzelnen wurden mit dem Rechenprogramm Fließkurven nach
folgenden Auswertungsverfahren ermittelt und verglichen:

- I   Herkömmliche Auswertung durch Differentiation für
         massive Proben /7/ (Gleichung (4) und (9));

- II   Näherungsmethode am "kritischen" Radius
         (Gleichung (32) und (41));

- III   Näherungsmethode für dünnwandige hohle Proben
         (Gleichung (11) und (12));

- IV   Differentiation für dünnwanndige hohle Proben
         (Gleichung (4) und (14)).

Für die Methoden I und IV wurde eine stufenweise Differentiation angewandt, wobei die aktuelle Steigung zur Bestimmung des Verfestigungsexponenten n intervallweise berechnet
wird. Der Geschwindigkeitseinfluß wurde für Raumtemperaturfließkurven vernachlässigt. Für alle Methoden wurde die
wirksame Länge einheitlich berücksichtigt, so daß hieraus
resultierende Unterschiede auszuschließen sind. Der grund-
sätzliche Einfluß der wirksamen Länge wird in Kap. 5.2 be-
handelt.

5.1.1   Raumtemperatur

Für den Werkstoff AlMgSi 1, der eine stetig ansteigende
Fließkurve entsprechend dem Ludwik-Hollomon-Ansatz bis zum
Ende des Vorgangs aufweist, wird eine sehr gute Übereinstim-
mung der Methoden I und II für massive Proben erhalten (Bild
29). Unterschiede ergeben sich lediglich im Hinblick auf den
Vergleichsumformgrad beim Bruch der Probe, da dieser linear
vom Radius abhängt, an dem ausgewertet wird. Somit wird bei
Auswertung am "kritischen" Radius ein geringeres Formände-
rungsvermögen berechnet. Auf diesen Zusammenhang wird in
Kap. 6.3 noch näher eingegangen.

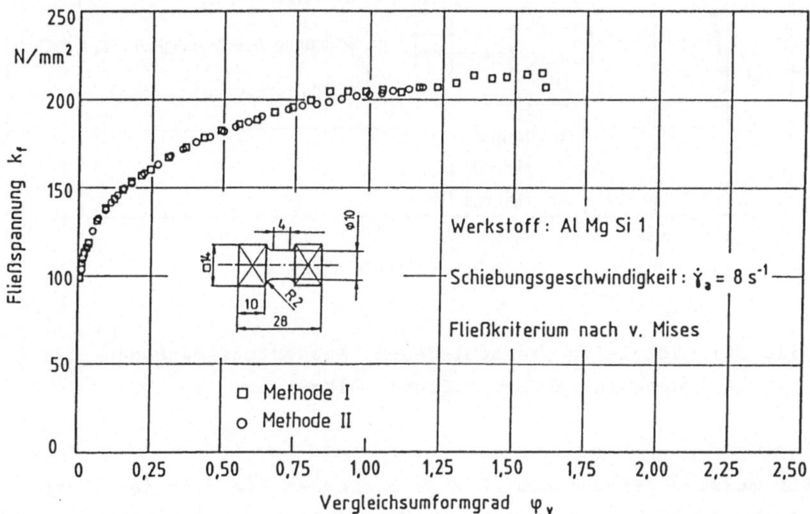

Bild 29: Vergleich verschiedener Auswertungsmethoden für
massive Probe, AlMgSi 1.

Werden hohle Proben mit einem Radienverhältnis a_i/a = 0,8
verwendet (Bild 30), so sind die Kurven nach den Methoden I
und III nahezu deckungsgleich, was auf die sehr geringen Unterschiede in der Berechnung des Vergleichsumformgrades zu-

rückzuführen ist (kritischer Radius r_P, Gleichung (25) und
der gemittelte Radius $(a + a_1)/2$ in Gleichung (12) stimmen
für diese Geometrie fast überein). Die differenzierte Fließkurve IV liegt abgesehen vom Anfangsbereich darüber.

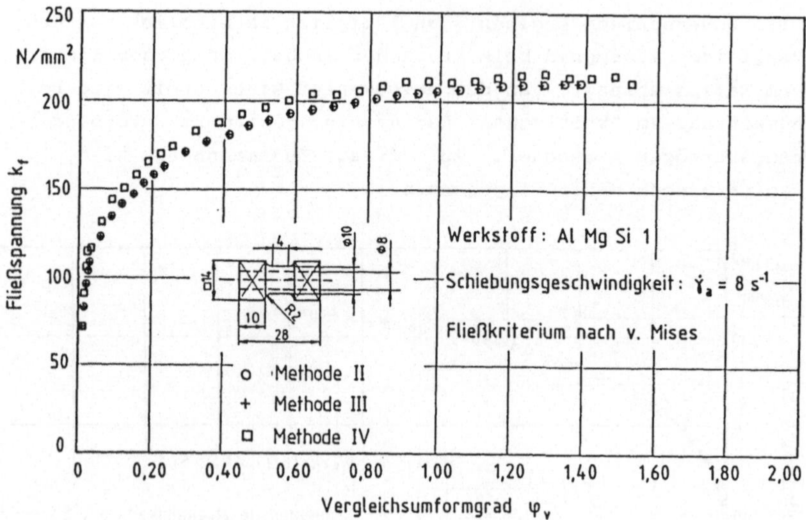

Bild 30: Vergleich verschiedener Auswertungsmethoden für
          dünnwandige hohle Probe, AlMgSi 1.

Für massive Proben aus 16 MnCr 5 ergeben die Methoden I und
II ebenfalls kaum Unterschiede im Hinblick auf den relativen
Verlauf der Fließkurve (Bild 31). Die Fließkurve weist im
Anfangsbereich einen φ^n-Verlauf auf und endet in einem fla-
chen bzw. leicht abfallenden Teil für höhere Umformgrade.
Die maximale Fließspannung ist unabhängig von der Auswer-
tungsmethode. Die Differentiation I zeigt stellenweise eini-
ge Unregelmäßigkeiten infolge Meßfehlerfortpflanzung.

Die Fließkurve des Messingwerkstoffes CuZn 28 für die Mas-
sivprobe (Bild 31) weist bei Raumtemperatur einen konti-

nuierlich ansteigenden Verlauf entsprechend einer Ludwik-
oder Swift-Gleichung auf. Hierbei wird ein Unterschied je
nach angewandter Auswertungsmethode deutlich. Für höhere Umformgrade $\varphi > 0,4$ weicht die differenzierte Fließkurve I
nach oben aus und liefert höhere Fließspannungen bei gegebenem Vergleichsumformgrad. Im Bereich kleiner Umformgrade ist
eine gute Übereinstimmung mit der Näherungsmethode II am
"kritischen" Radius festzustellen.

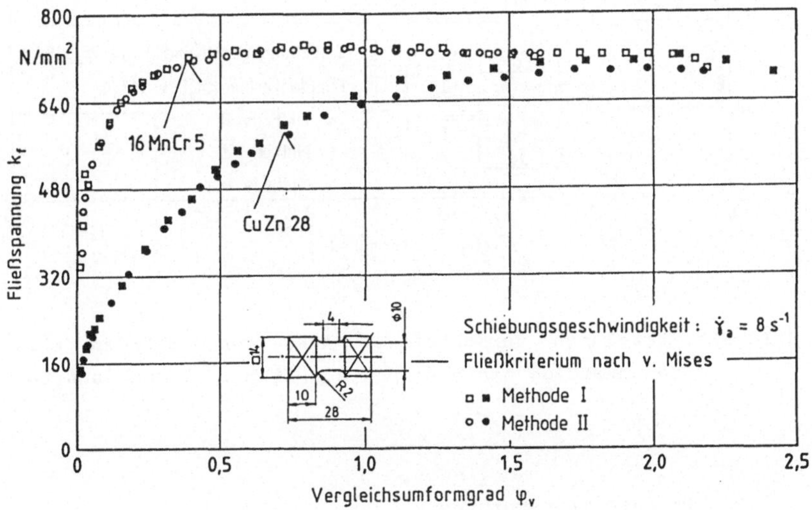

Bild 31: Vergleich verschiedener Auswertungsmethoden für
massive Proben aus 16 MnCr 5 und CuZn 28.

Auch für die Werkstoffe 16 MnCr 5 und CuZn 28 liegt die
Fließkurve nach Methode IV über derjenigen nach Methode II,
wenn eine dünnwandige hohle Probe verwendet wird (Bild 32).
Die beiden Näherungsmethoden II und III sind wiederum nahezu
deckungsgleich.

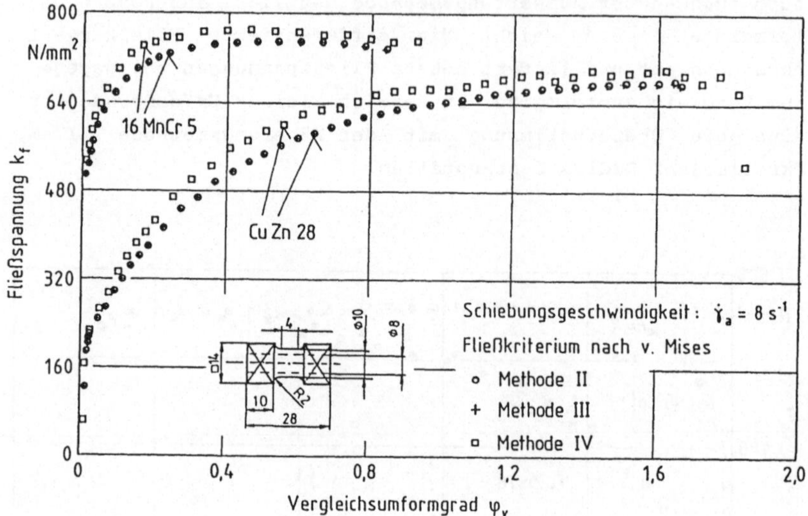

Bild 32:   Vergleich verschiedener Auswertungsmethoden für
           dünnwandige hohle Proben aus 16 MnCr 5 und CuZn 28.

5.1.2   Erhöhte Temperaturen

Für die Auswertung von Versuchen bei erhöhter Temperatur
wurde bei Verwendung der differentiellen Methode I zusätzlich der Geschwindigkeitsexponent m (als konstant über den
Vorgang angenommen) berücksichtigt, vgl. Gleichung (9). Bei
Berechnung der Fließkurve nach den Methoden II und III
spielt dieser Kennwert keine Rolle, da davon ausgegangen
wird, daß die Auswertung werkstoff- und geschwindigkeitsun-
abhängig erfolgen kann (s. Kap. 5). Die Kennwerte n und m
werden aber für diese beiden Methoden zur Ermittlung der
wirksamen Probenlänge benötigt, falls diese Größe nicht experimentell bestimmt wird (vgl. Kap. 5.2.1).

Bei Anwendung massiver Proben ergeben sich bei erhöhten Temperaturen starke Diskrepanzen für die Methoden I und II. Liegt eine oszillierende Warmfließkurve vor, wie im Fall des Werkstoffes AlMgSi 1 für 500°C (Bild 33), so zeigt die differenzierte Fließkurve eine Oszillation mit einer Amplitude, die sich infolge Meßfehlerfortpflanzung aufschaukelt. Die Fließkurve nach Methode I schneidet dadurch mehrfach die genäherte Fließkurve nach Methode II. Darüber hinaus wird die Fließkurve je nach Auswertungsradius in Abszissenrichtung "gestreckt" oder "gestaucht", da eine lineare Abhängigkeit vom Vergleichsumformgrad besteht (Gleichung(2)). Dadurch liegen die Fließspannungsmaxima und -minima der Methoden I und II nicht beim gleichen Vergleichsumformgrad.

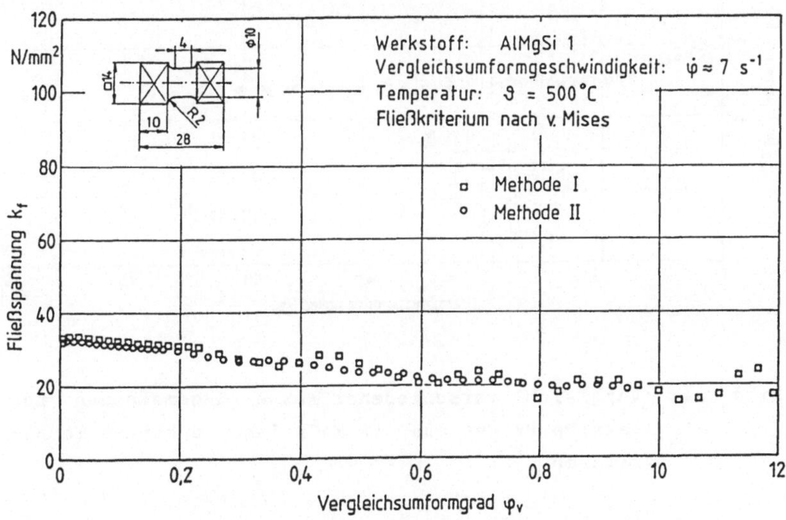

Bild 33: Vergleich verschiedener Auswertungsmethoden für massive Proben aus AlMgSi 1 bei Warmtorsion.

Auch aus Bild 34 sind diese Tendenzen beim Werkstoff

16 MnCr 5 für eine Versuchstemperatur von 800°C festzustellen. Bei einer Halbwarmfließkurve von 600°C, die einen Ver-
festigungsbereich zu Beginn und einen Bereich dynamischer
Rekristallisation oberhalb $\varphi = 0,5$ aufweist, liegt die
Fließkurve der Methode I leicht über der aus Methode II.
Beide Methoden zeigen noch eine gute Übereinstimmung im relativen Verlauf.

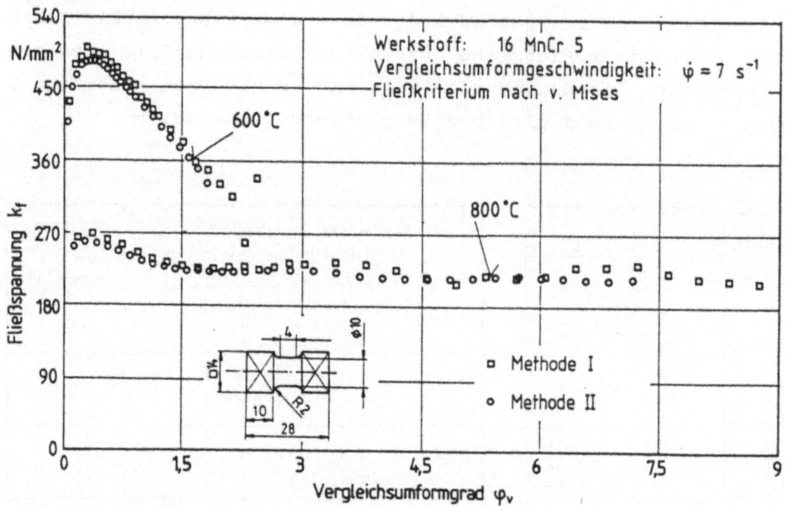

Bild 34: Vergleich verschiedener Auswertungsmethoden für
          massive Proben aus 16 MnCr 5 bei erhöhten Tempe-
          raturen.

Wie beispielsweise aus Bild 35 für eine dünnwandige hohle
Probe aus AlMgSi 1 bei 400°C zu ersehen, liegen die diffe-
renzierten Fließkurven im Anfangsbereich grundsätzlich höher
im Vergleich zu den Näherungsmethoden.

Deutlich sichtbar sind die Schwankungen der Fließkurve nach
Methode I aufgrund der Meßfehlerfortpflanzung, insbesondere

wenn die Steigung der Fließkurve ihr Vorzeichen ändert. Da Warmtorsionsfließkurven infolge dynamischer Rekristallisation häufig oszillieren (Beispiele in /65,66,67/), sind solche Kurven besonders empfindlich gegenüber der differentiellen Auswertungsmethode. Wie aus Bild 35 hervorgeht, wird die Amplitude der Oszillation bei höheren Umformgraden vergrößert.

Im Gegensatz zu massiven Proben wirkt sich bei dünnwandigen Hohlproben die Auswertung an verschiedenen Radialabständen nicht so stark aus, so daß Hoch- und Tiefpunkte der Oszillation für unterschiedliche Auswertungsmethoden etwa den gleichen Vergleichsumformgraden zugeordnet werden.

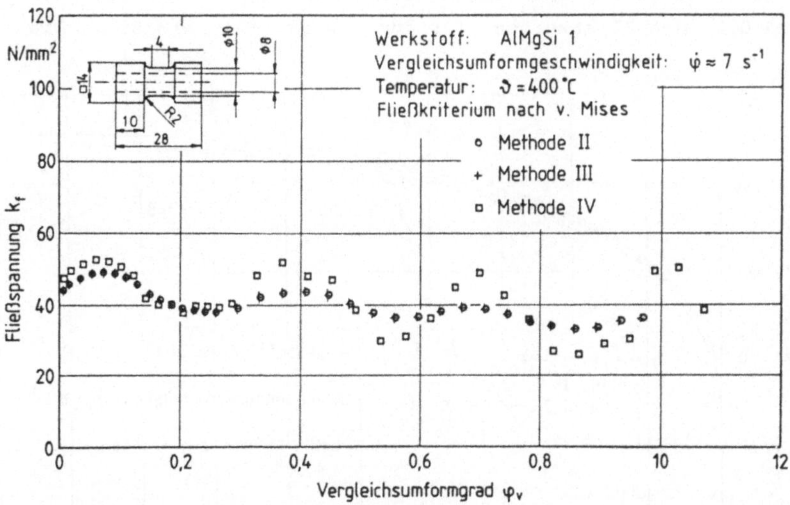

Bild 35: Vergleich verschiedener Auswertungsmethoden für dünnwandige hohle Proben aus AlMgSi 1 für Warmtorsion.

Die Kurven nach den Methoden II und IV stimmen auch bei erhöhten Temperaturen annähernd überein, unabhängig vom relativen Verlauf der Fließkurve.

5.2 EINFLUSS DER PROBENGEOMETRIE

5.2.1 Innendurchmesser

5.2.1.1 Raumtemperatur

Bei Verwendung unterschiedlicher Wanddicken der Probe ergab
sich keine eindeutige Tendenz der ermittelten Fließkurven im
Hinblick auf den Innendurchmesser.

Bild 36 zeigt für die Radienverhältnisse $a_1/a = 0$; 0,4; 0,6
und 0,8 die Fließkurven für den Werkstoff AlMgSi 1. Die

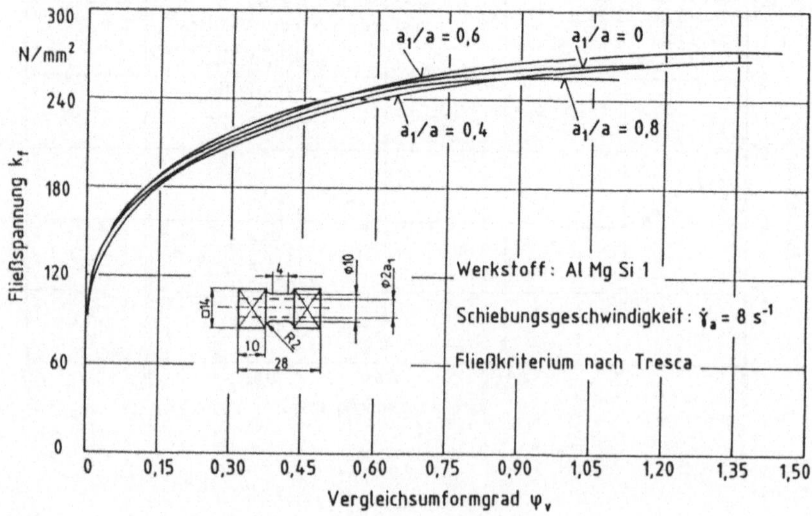

Bild 36: Einfluß des Innendurchmessers auf die Fließkurve,
          AlMgSi 1.

Probe mit Radienverhältnis $a_1/a = 0,6$ liefert die höchste Fließspannung, während die Kurven der anderen Proben ohne eindeutige tendenzielle Reihenfolge darunter liegen. Ein Einschnüren der dünnwandigen Probe ($a_1/a = 0,8$) kann ausgeschlossen werden, da mit einem Einlegebolzen tordiert wurde. Die Kurven für $a_1/a = 0,6$ und $0,4$ weisen einen ähnlichen Verlauf auf, während für die Radienverhältnisse $a_1/a = 0$ und $0,8$ die Kurven bei höheren Umformgraden abflachen.

Beim Stahlwerkstoff 16 MnCr 5 (Bild 37) liegen die Kurven für verschiedene Radienverhältnisse relativ dicht beieinander, auch hier kann keine eindeutige Reihenfolge festgestellt werden. Der Bereich zwischen höchster und niedrigster Fließkurve liegt innerhalb einer möglichen Streuung der Charge. Im Gegensatz zu /4/ weisen die Kurven auch für kleine Vergleichsumformgrade nahezu identische Fließspannungen und Verläufe auf. Dies ist auf die gute Auflösung bei kleinen Schiebungen und auf die genaue Auswertung unter Berücksichtigung der wirksamen Länge zurückzuführen.

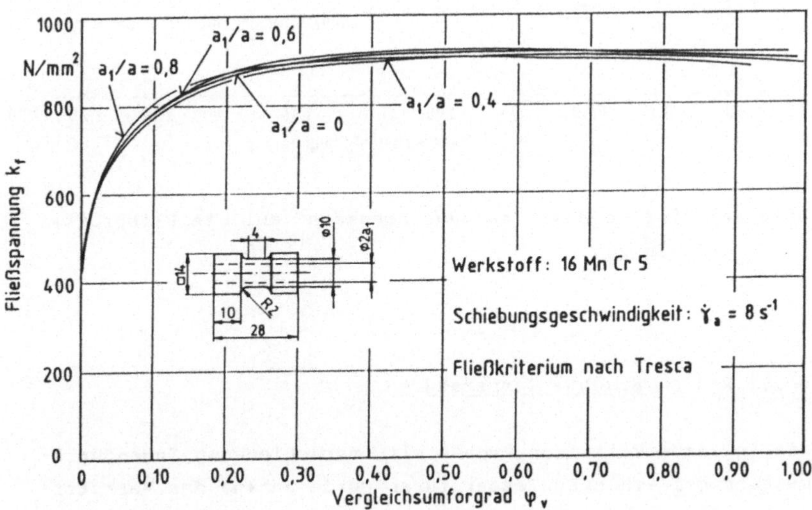

Bild 37: Einfluß des Innendurchmessers auf die Fließkurve, 16 MnCr 5.

Für CuZn 28 (Bild 38) liefert die Fließkurve dünnwandiger
Proben mit $a_1/a = 0,8$ die höchste Fließspannung. Die Kurven
der Proben mit den Radienverhältnissen $a_1/a = 0$; $0,4$ und $0,6$
liegen darunter. Ein Grund hierfür können leichte Einschnür-
vorgänge sein, so daß der Außendurchmesser kleiner und damit
ein niedrigeres Moment übertragen wird (bei diesen Proben
wurde ohne Einlegebolzen tordiert). Alle Fließkurven weisen
einen ähnlichen Verlauf auf.

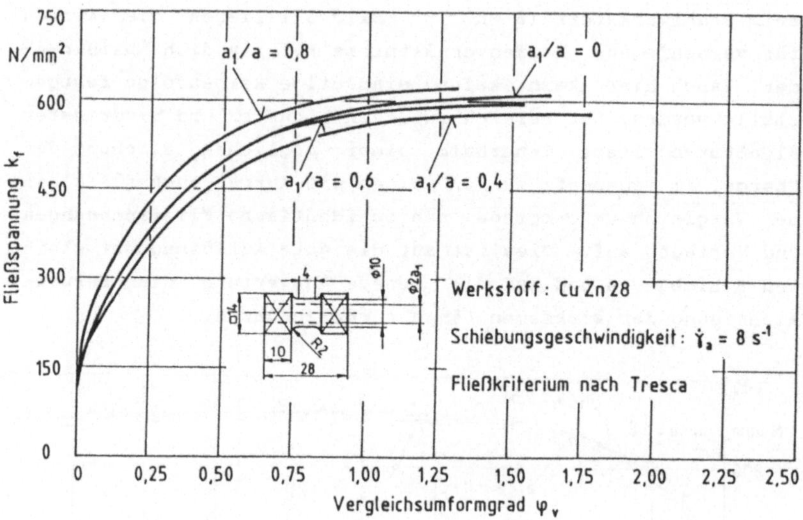

Bild 38: Einfluß des Innendurchmessers auf die Fließkurve,
CuZn 28.

5.2.1.2   Erhöhte Temperaturen

Die Anwendbarkeit von Proben mit verschiedenen Innendurchmessern bei erhöhten Temperaturen wurde anhand der Werkstoffe AlMgSi 1 und 16 MnCr 5 überprüft. Eingesetzt wurden massive und dünnwandige hohle Proben mit einer zylindrischen
Länge $l = 4mm$.

Bild 39 zeigt eine Gegenüberstellung von Fließkurven, die mit hohlen und massiven Proben bei erhöhten Temperaturen für AlMgSi 1 ermittelt wurden. Erwartungsgemäß nimmt die Fließspannung mit zunehmender Temperatur ab, und dynamische Rekristallisations- und Erholungsvorgänge nehmen zu. Zwei Besonderheiten sind auffallend:

- massive Proben weisen im Vergleich zu dünnwandigen Hohlproben bei höheren Umformgraden eine stärker abfallende Fießkurve auf;

- die Fließkurven hohler Proben oszillieren stärker, wenn der Bereich dynamischer Rekristallisation und Erholung erreicht wird (in diesem Fall für Temperaturen von 300 bis 500°C).

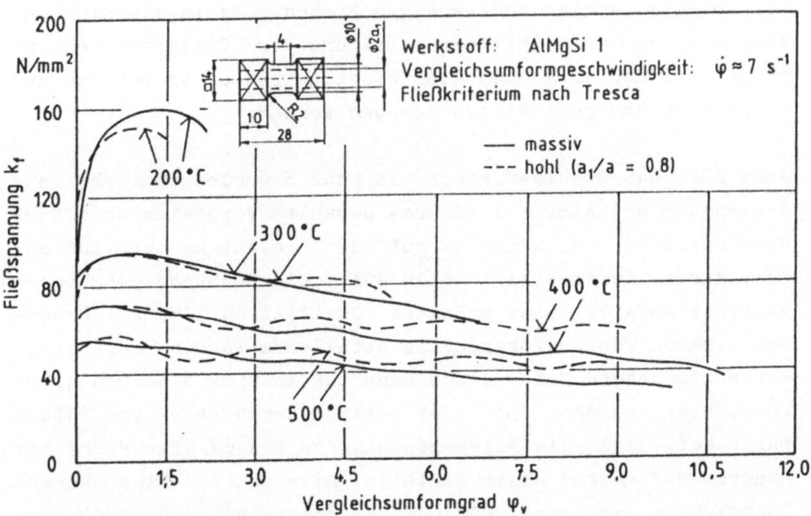

Bild 39: Einfluß des Innendurchmessers bei erhöhten Temperaturen, AlMgSi 1.

Die stärkere Tendenz zur abfallenden Fießspannung für massive Proben läßt sich mit einem Einschnürvorgang erklären. Das Einschnüren resultiert aus einer Längenänderung, die bei diesem Werkstoff umso stärker auftritt, je höher die Temperatur gewählt wird. Aufgrund der Volumenkonstanz führt dies zur Durchmesserverringerung und damit zur Übertragung eines kleineren Momentes. Aus diesem sich ständig verstärkenden Einfluß folgt eine kontinuierlich abfallende Fließkurve mit Überlagerung von Rekristallisations- und Erholungsvorgängen. Bei hohlen Proben wird das Einschnüren durch einen Stützbolzen verhindert (s.Kap. 4.2.2).

Der zweite Sachverhalt erklärt sich daraus, daß massive Proben eine stark inhomogene Verformung über den Probenquerschnitt aufweisen. Damit treten Erholungs- und Rekristallisationsvorgänge nicht gleichmäßig und nicht gleichzeitig im Kern und am Probenrand auf. Dies führt zu einem glatteren Verlauf der mit massiven Proben erhaltenen Fließkurve im Vergleich zu hohlen dünnwandigen Proben, da in gewissem Umfang dadurch eine Mittelwertbildung der Fließspannung erfolgt. Bei hohlen Proben kann hingegen von einer lokalen und temporären Homogenität ausgegangen werden.

Auch für den Stahlwerkstoff 16 MnCr 5 wurden ähnliche Tendenzen wie bei AlMgSi 1 für die gewählte Vergleichsumformgeschwindigkeit im Hinblick auf den relativen Verlauf der Fließkurve festgestellt (Bild 40). Die dünnwandigen Proben zeigen ebenfalls eine stärkere Oszillation der Fließkurve bei höheren Temperaturen. Eine abfallende Tendenz der Fließkurve für höhere Umformgrade kann für 16 MnCr 5 jedoch nicht beobachtet werden. Bei der Versuchstemperatur von 1000°C fällt auf, daß die Fließspannung für die massive Probe bei höherem Umformgrad sogar ansteigt. Dies ist auf eine Längenkontraktion der Probe während des Vorganges zurückzuführen, wobei die Probe ausbaucht. Die Berechnung der Fließkurve wird somit verfälscht, weil keine Korrektur des Durchmessers vorgenommen wurde.

Hardwick und Tegart /68/ stellten ebenfalls bei hohen Temperaturen für Aluminium eine Verlängerung, Weber /25/ und Robbins et al. /69/ für verschiedene Stahlwerkstoffe eine Kontraktion bei Verwendung langer Massivproben fest.

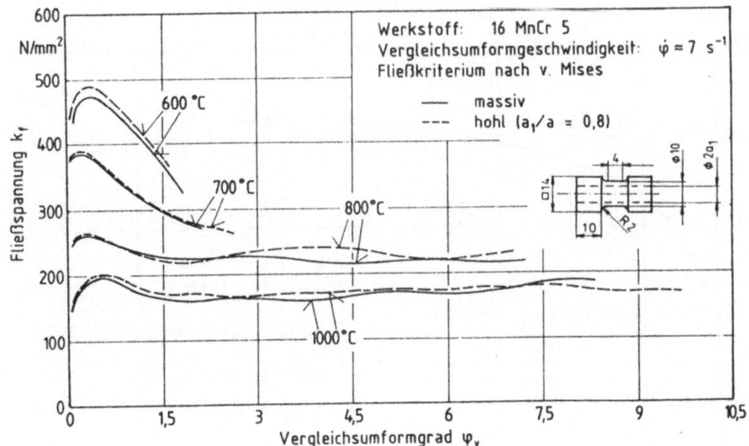

Bild 40: Einfluß des Innendurchmessers bei erhöhten Temperaturen, 16 MnCr 5.

5.2.2   Zylindrische Länge

Im folgenden werden nur Fließkurven untersucht, die nach der neuen Auswertungsmethode (II) ermittelt wurden.

Fließkurven des Werkstoffs AlMgSi 1 zeigen für massive Probenquerschnitte mit zylindrischen Probenlängen 1 = 4mm und

10mm nahezu identische Verläufe, wobei die Kurve der längeren Probe gegen Endé des Vorgangs geringfügig abfällt (Bild 41). Die Fließkurve der extrem kurzen Probe stimmt zwar dem relativen Verlauf nach gut mit den beiden anderen Kurven überein, weicht aber hinsichtlich der Höhe der Fließspannung stark ab. Es wurde deshalb überprüft, welche Einflüsse hierfür maßgebend sind.

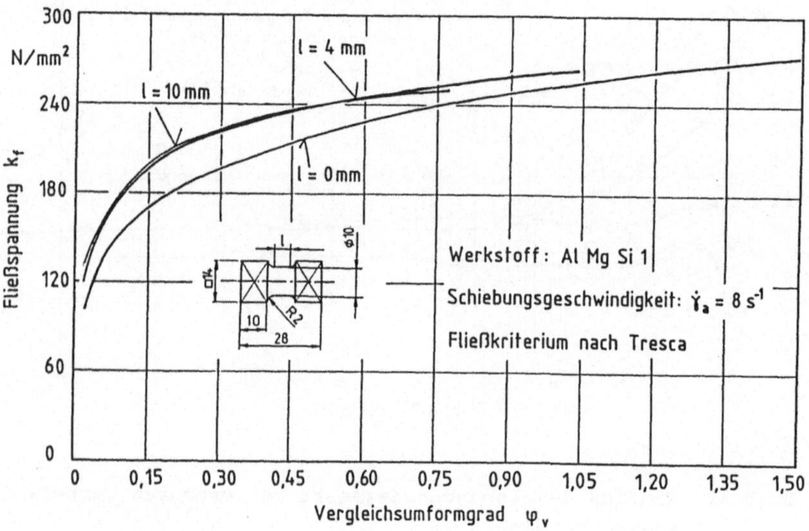

Bild 41: Einfluß der zylindrischen Länge auf den Fließkurvenverlauf (massive Probe, AlMgSi 1).

Bild 42 zeigt den Einfluß der angenommenen "wirksamen" Länge einer extrem kurzen Probe auf die erhaltene Fließkurve. Der umgeformte Bereich in Axialrichtung wurde hierbei zwischen 1mm und 2mm variiert. Für dazwischenliegende "wirksame" Längen befinden sich die Fließkurven innerhalb des eingezeichneten Streubandes, so auch die Kurve mit der berechneten "wirksamen" Länge von lw = 1,4mm. Die Darstellung veranschaulicht, daß der Fehler infolge einer ungenau berechneten umgeformten Länge für extrem kurze Proben sehr groß ist.

Wird eine tatsächlich an der Umformung beteiligte Probenlänge lw = 2mm angenommen, so sind diese Kurve und die Kurve
für eine Probe mit zylindrischem Mittelteil l = 4mm aus Bild
35 deckungsgleich. Dies bedeutet, daß allein der Fehler der
berechneten "wirksamen" Länge zu einer starken Abweichung
der Kurve für extrem kurze Proben führt (Bild 42). Es ist
deshalb zu empfehlen, die "wirksame" Länge experimentell zu
bestimmen.

Temperatureinflüsse können für den Aluminiumwerkstoff nahezu
ausgeschlossen werden, da ein guter Wärmeübergang zu den
Probenköpfen und in die Einspannung aus dem zylindrischen
Mittelteil bei längeren Proben gewährleistet ist. Es liegen
somit annähernd isothermische Bedingungen vor.

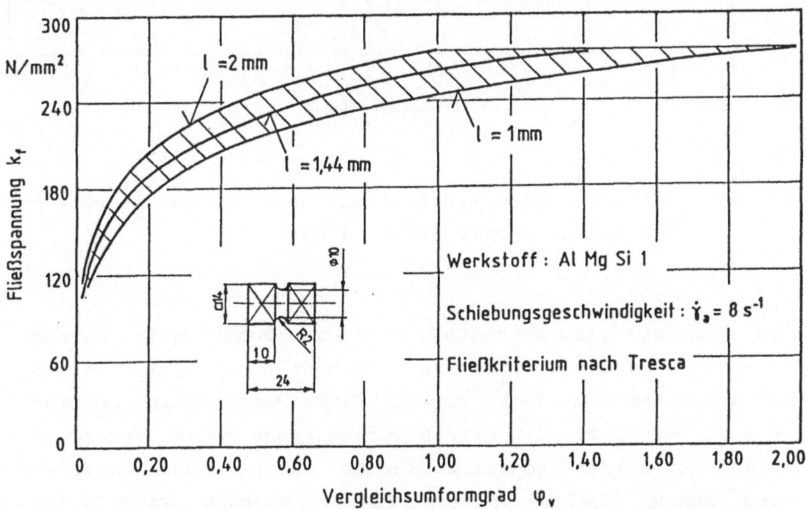

Bild 42: Einfluß der angenommenen "wirksamen" Probenlänge
bei extrem kurzen Proben auf die ermittelte Fließkurve.

Ähnliche Tendenzen im Hinblick auf die zylindrische Länge
wurden auch für dünnwandige hohle Probenquerschnitte festgestellt (Bild 43). Auch bei diesen Proben macht sich der Einfluß eines Fehlers aufgrund der "wirksamen" Länge für extrem

kurze Proben stark bemerkbar.

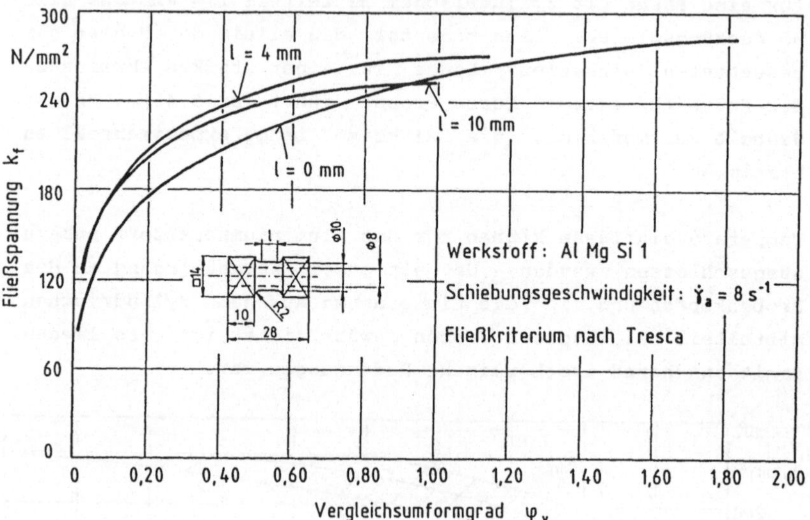

Bild 43: Einfluß der zylindrischen Länge auf den Fließkurvenverlauf (hohle Probe, AlMgSi 1).

Bild 44 zeigt eine verhältnismäßig gute Übereinstimmung der Kurven für massive Proben aus 16 MnCr 5 mit zylindrischen Längen L = 4mm und 10mm bis zu einem Vergleichsumformgrad $\varphi \approx 0,25$. Die Kurve der extrem kurzen Probe weicht stark vom Verlauf der beiden anderen Kurven ab, weist jedoch entsprechend dem φ^n-Verlauf höhere Fließspannungen am Ende des Vorganges auf, da auch höhere Vergleichsumformgrade erreicht werden, wenn ein monoton ansteigender Verlauf vorausgesetzt wird. Die zunehmende Tendenz eines ansteigenden Verlaufs der Fließkurve mit abnehmender Probenlänge läßt darauf schließen, daß ein Temperatureinfluß vorliegt, da der Vorgang bei einer Randschiebungsgeschwindigkeit $\dot{\gamma}_a = 8s^{-1}$ relativ schnell abläuft (einige 100ms).

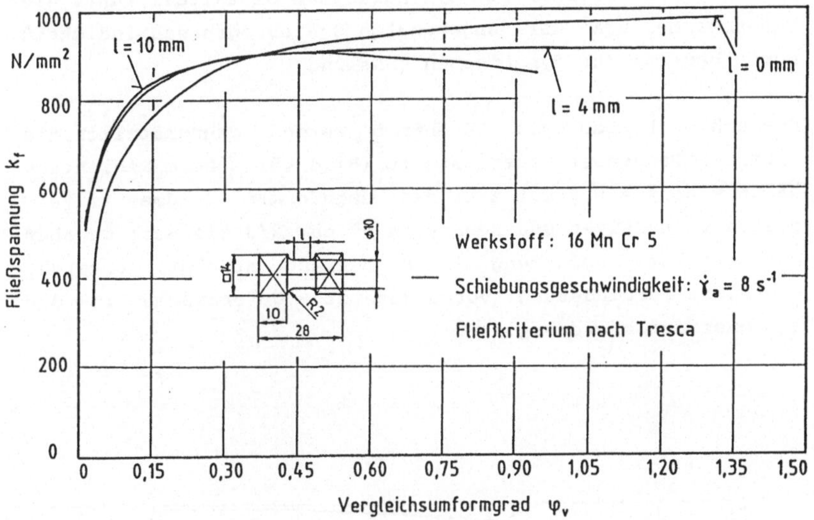

Bild 44: Einfluß der zylindrischen Länge auf den Fließkurvenverlauf (massive Probe, 16 MnCr 5).

Es wurde deshalb versucht, den Temperatureinfluß mittels Probenkühlung nachzuweisen. Die Proben wurden dabei während der Torsion mit Wasser außen gekühlt. Günstig wirkt sich hierbei aus, daß die stärkste Erwärmung am Probenaußenradius stattfindet, weil dort die größte Umformung erfolgt. Daher ist es möglich, einen Großteil der entstehenden Umformwärme über das Kühlwasser abzuführen, um nahezu isotherme Fließkurven zu erreichen.

Dabei wurde festgestellt, daß die Fließkurve einer gekühlten Probe mit zylindrischem Mittelteil tatsächlich über derjenigen einer ungekühlten liegt und keinen fallenden Verlauf gegen Ende des Vorganges aufweist. Es wurde außerdem nachgewiesen, daß mit zunehmender Probenlänge die Unterschiede für

hohe Vergleichsumformgrade leicht ansteigen, da bei gleichem
Umformgrad mehr Umformwärme im Vergleich zu kürzeren Proben
entsteht. Bei Proben mit zylindrischem Mittelteil führt die
Umformwärme bei der angewandten Schiebungsgeschwindigkeit
somit bereits zur dynamischen Erholung.

Für hohle Proben aus 16 MnCr 5 werden grundsätzlich die
gleichen Tendenzen festgestellt (Bild 45). Beim Radienverhältnis $a_1/a = 0,8$ ist zwar das ungeformte Volumen im Vergleich zu massiven Querschnitten um ca. 2/3 kleiner; da aber
die stärkste Umformung im Probenrand erfolgt, entsteht
- gleiche Formänderung vorausgesetzt - Umformwärme in der
gleichen Größenordnung.

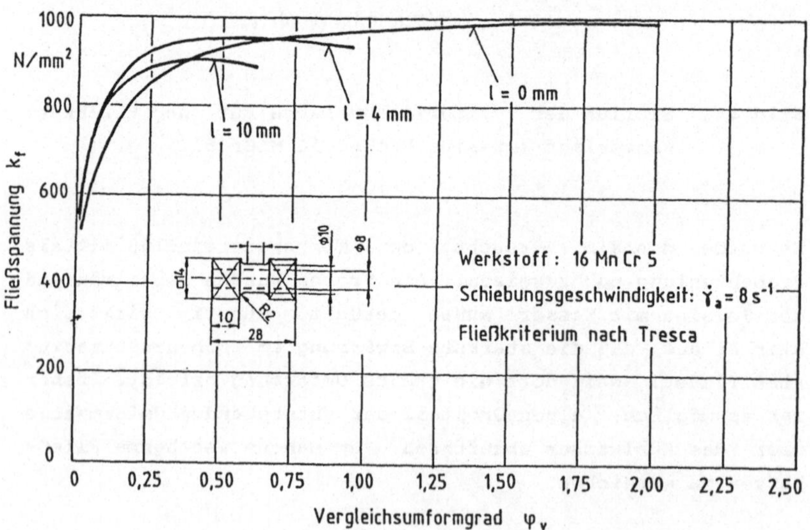

Bild 45: Einfluß der zylindrischen Länge auf den Fließkurvenverlauf (hohle Probe, 16 MnCr 5).

5.3 FORMÄNDERUNGSVERMÖGEN

Zwar kann die Verteilung der Schubspannung im Torsionsversuch nicht direkt experimentell überprüft werden. Aber es besteht die Möglichkeit, den im Versuch erreichten Umformgrad an der Probe experimentell zu bestimmen und mit den nach Gleichung (34) bzw. (36) theoretisch berechneten Werten zu vergleichen. Hiermit wird eine weitere Aussage über die sinnvollsten Auswertungsmethode ermöglicht.

Außerdem wurde überprüft, ob praxisrelevante Umformgrade im Modellversuch erreicht werden. Als zu erreichender Umformgrad ist der Wert für das Vollvorwärtsstrangpressen von Interesse, da bei diesem Umformverfahren die höchsten Formänderungen auftreten. In Tabelle 4 /70/ sind einige maximal erreichbare Umformgrade in Abhängigkeit vom jeweiligen Verfahren angegeben.

Verfahren	Werkstoff	Maximaler Umformgrad $\varphi_{max} = \ln A_0 / A_1$
Vollvorwärts-strangpressen	Al 99,99 bis Al 99,5	6,9
	AlMgSi 1	5,5
	C-Stähle	4,6
	hochleg. Stähle	3,4
Napfrückwärts-fließpressen	Al 99,5	4,0
	16 MnCr 5	1,1
	Cq 15	1,4
Vollvorwärts-fließpressen	Al 99,5	4,0

Tabelle 4: Maximale Umformgrade für einige Massivumformverfahren bei verschiedenen Werkstoffen /70/.

Bei der experimentellen Bestimmung des Umformgrades im Torsionsversuch nach der Schraubenlinienauswertung /63/ wird

der Winkel zwischen Schraubenlinien, die sich auf der Mantelfläche einer tordierten Probe ergeben, und der Längsachse
ermittelt. Der Umformgrad auf der Mantelfläche läßt sich gemäß der Beziehung

$$\varphi = \frac{1}{\beta} \tan \alpha \tag{43}$$

berechnen. Für Aluminiumproben werden schon allein aufgrund
von Gefügeinhomogenitäten die Schraubenlinien nach dem Tordieren auf der Oberfläche sichtbar. Bei Stahl- und anderen
Werkstoffen empfiehlt sich das Aufbringen mehrerer dünner
Striche (z.B. Filzstift) in axialer Richtung auf dem zu verformenden Abschnitt der Probe. Die Auswertung der Schraubenlinien erfolgt durch Ausmessen des Winkels α auf dem Profilprojektor.

Für Warmtorsionsversuche an relativ kurzen Proben ist diese
Methode nicht geeignet, da infolge der hohen Umformgrade eine zu große Steigung der Schraubenlinien entsteht und damit
die Auswertegenauigkeit abnimmt. Ebenso ist die Methode un-
geeignet für extrem kurze Proben ohne zylindrisches Mittelteil, da die Schraubenlinie innerhalb des Übergangsradius
projeziert werden müßte.

Im folgenden werden zum Vergleich die experimentell erreichten den nach Gleichung (40) bzw. (42) berechneten maximalen
Umformgraden (in Abhängigkeit vom Fließkriterium) gegenübergestellt.

5.3.1 Einfluß des Innendurchmessers

Aus Bild 46 ist zu ersehen, daß beim Werkstoff AlMgSi 1 das
Formänderungsvermögen (d.h. der Umformgrad beim Bruchbeginn)
zwar in Abhängigkeit vom Innendurchmesser variiert, jedoch
grundsätzlich kein starker Unterschied zwischen massiven und
hohlen Proben besteht, wenn die angegebene Vergleichsumformgeschwindigkeit zugrundegelegt wird.

Bei Auswertung am "kritischen" Radius haben die Bruchumformgrade für massive und dünnwandige Proben ($a_1/a = 0,8$) annähernd gleiche Werte. Somit ist die Verwendung dünnwandiger
hohler Proben im Hinblick auf den erreichbaren Bruchumformgrad praktisch nicht eingeschränkt. Für dickwandigere Hohlproben ($a_1/a = 0,4$; $0,6$) liegt der Bruchumformgrad sogar
über demjenigen bei massiven Proben, wenn am "kritischen"
Radius ausgewertet wird.

Bei Auswertung am Außenradius a ergeben sich naturgemäß höhere Bruchumformgrade. Bei dieser Auswertung liegen die Werte für die Radienverhältnisse $a_1/a = 0$; $0,4$ und $0,6$ in der
gleichen Größenordnung. Das Formänderungsvermögen sehr dünnwandiger Proben ($a_1/a = 0,8$) liegt um etwa 15% niedriger.

Nach Neumann und Spittel /18/ ist für das frühzeitige Bre-
chen hohler Proben (d.h. ein geringerer erreichbarer Verdrehwinkel bis zum Bruch) nicht primär der kleinere Querschnitt und die damit verbundene schnellere Rißausbreitung
in Radialrichtung verantwortlich, sondern eine Veränderung
des Spannungszustandes. Bei hohlen Proben findet eine stärkere Überlagerung des Schubspannungszustandes durch eine
Zugspannungskomponente als bei Vollproben statt. Bezogen auf
den Querschnitt sind damit die Axialspannungen für dünnwandige hohle Proben um ein Vielfaches höher.

Der Vergleich mit der Schraubenlinienauswertung zeigt, daß
(unabhängig vom Radienverhältnis a_1/a) der experimentell bestimmte Bruchumformgrad am besten mit demjenigen der Auswertung am "kritischen" Radius korreliert. Insbesondere für
massive Proben ergeben sich somit unrealistisch hohe Umformgrade bei Auswertung am Außenradius a.

Für den Stahlwerkstoff 16 MnCr 5 gelten ähnliche Tendenzen
bezüglich des Bruchumformgrades in Abhängigkeit vom Radienverhältnis. Auch bei diesem Werkstoff liegt das Formänderungsvermögen sehr dünnwandiger Proben nur geringfügig unter
demjenigen massiver oder dickwandiger Proben. Die experimen-

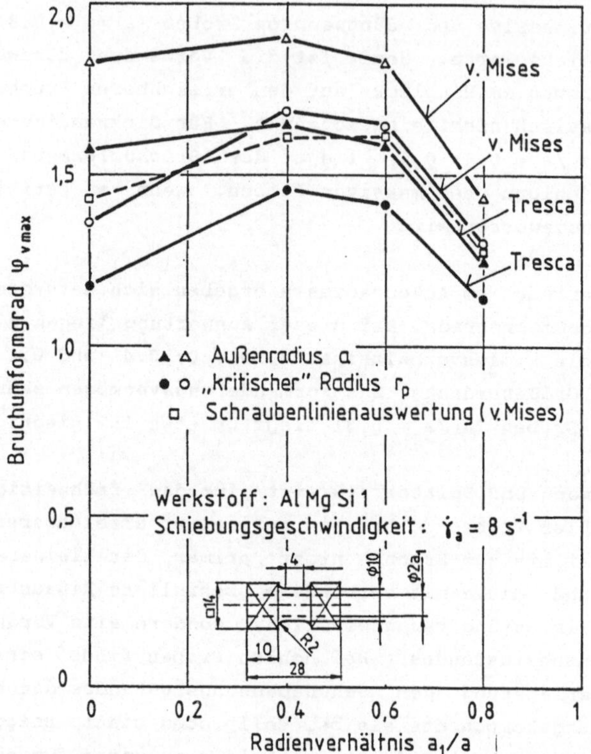

Bild 46: Einfluß des Innendurchmessers auf das Formänderungsvermögen, AlMgSi 1.

tell ermittelten maximalen Umformgrade anhand der Schraubenlinienauswertung liegen näher an den berechneten Werten am "kritischen" Radius.

Auch für den Werkstoff CuZn 28 werden diese Zusammenhänge bestätigt (Bild 47), wobei wiederum für die Auswertung am Außenradius höhere Werte im Vergleich zur Schraubenlinienauswertung ermittelt werden.

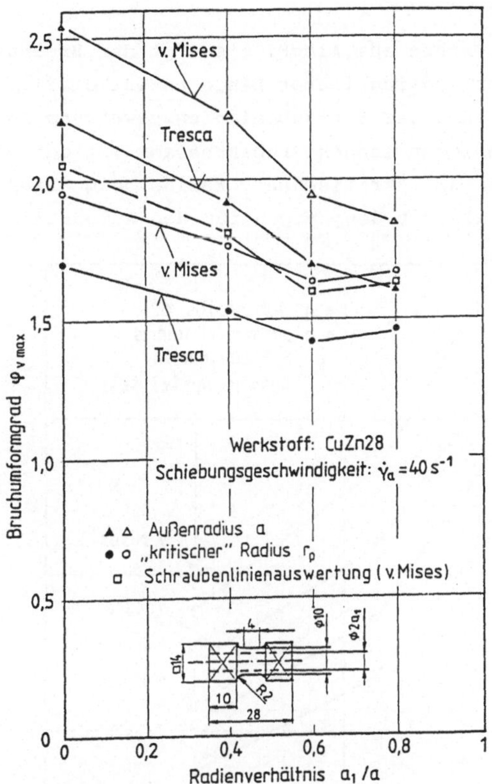

Bild 47: Einfluß des Innendurchmessers auf das Formänderungsvermögen, CuZn 28.

Bild 47 verdeutlicht außerdem, daß im Hinblick auf das erreichbare Formänderungsvermögen auch für Raumtemperaturversuche der Torsionsversuch seine Bedeutung hat, falls Werkstoffe mit ausgesprochen guter Umformbarkeit bzw. Duktilität
eingesetzt werden. Hierbei wird der Bereich bereits überschritten, der vom Stauchversuch noch abgedeckt wird.

5.3.2 Zylindrische Länge

Bei massiven Proben aus AlMgSi 1 steigt der Bruchumformgrad
mit abnehmender zylindrischer Länge an (Bild 48). Die Bruchumformgrade nach der Schraubenlinienauswertung korrelieren
auch bei verschieden langen Proben besser mit den Werten für
die Berechnung am "kritischen" Radius beim Fließkriterium
nach v. Mises als mit denjenigen für den Außenradius.

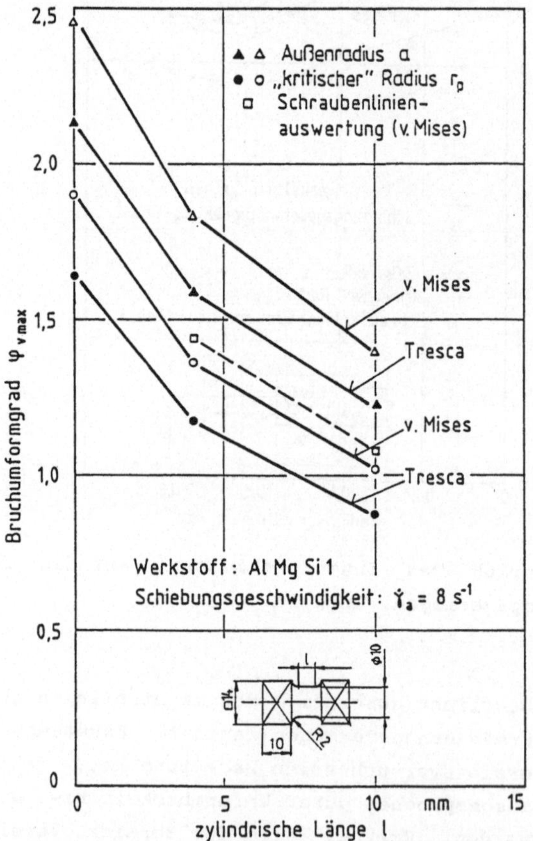

Bild 48: Einfluß der zylindrischen Länge bei massiven Proben
aus AlMgSi 1 auf das Formänderungsvermögen.

Das nach der Differentiationsmethode ermittelte Formänderungsvermögen liefert für alle Probenlängen mit Sicherheit zu hohe Vergleichsumformgrade, die in der Probe tatsächlich nie erreicht werden.

Werden dünnwandige hohle Proben aus AlMgSi 1 verwendet, so ergibt sich im Hinblick auf die optimale Auswertungsmethode das gleiche Ergebnis (Bild 49). Auch bei dieser Probengeometrie stimmen die experimentell bestimmten Umformgrade mit den berechneten Werten am "kritischen" Radius für das Fließkriterium nach v. Mises, verglichen mit der Auswertung am Außenradius, am besten überein.

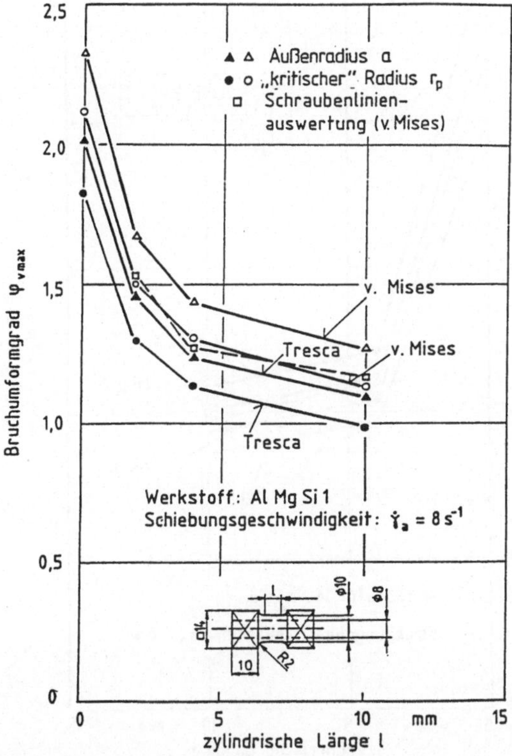

Bild 49: Einfluß der zylindrischen Länge bei dünnwandigen hohlen Proben aus AlMgSi 1 auf das Formänderungsvermögen.

Bei relativ kurzen Proben (1 ≤ 3mm) wird im Vergleich zu größeren Meßlängen ein deutlicher Anstieg des - unter Berücksichtigung der wirksamen Länge berechneten - Formänderungsvermögens festgestellt. In /71/ wurde diese Tendenz auch bei einer Umformtemperatur ϑ = 900°C für verschiedene Umformgeschwindigkeiten nachgewiesen.

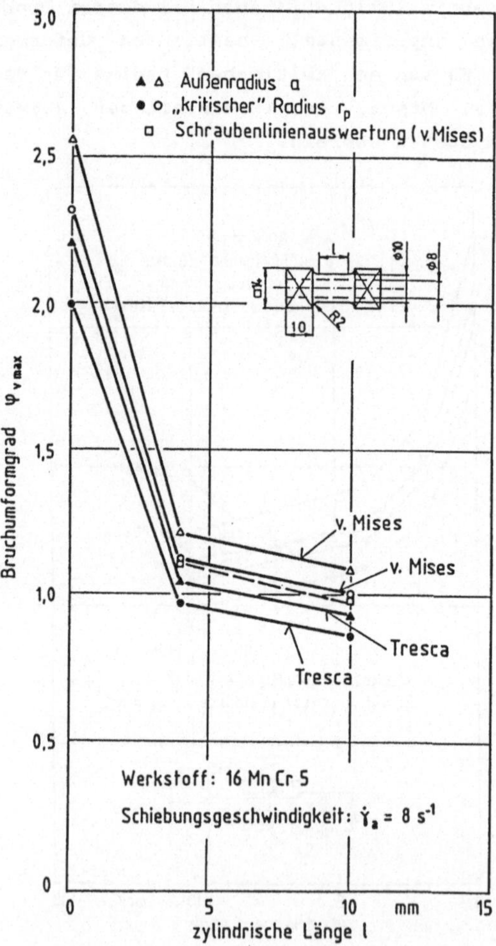

Bild 50: Einfluß der zylindrischen Länge bei dünnwandigen hohlen Proben aus 16 MnCr 5 auf das Formänderungsvermögen.

Bei sehr dünnwandigen Proben aus 16 MnCr 5 ergeben sich tendenziell die gleichen Zusammenhänge wie bei AlMgSi 1
(Bild 50). Die Auswertung am "kritischen" Radius unter Berücksichtigung des Fließkriteriums nach v. Mises liefert
hier ebenfalls die beste Übereinstimmung mit den experimentell ermittelten Umformgraden im Vergleich zur Auswertung am
Außenradius.

5.3.3 Temperatureinfluß

für die Werkstoffe AlMgSi 1 (Bild 51) und 16 MnCr 5 infolge

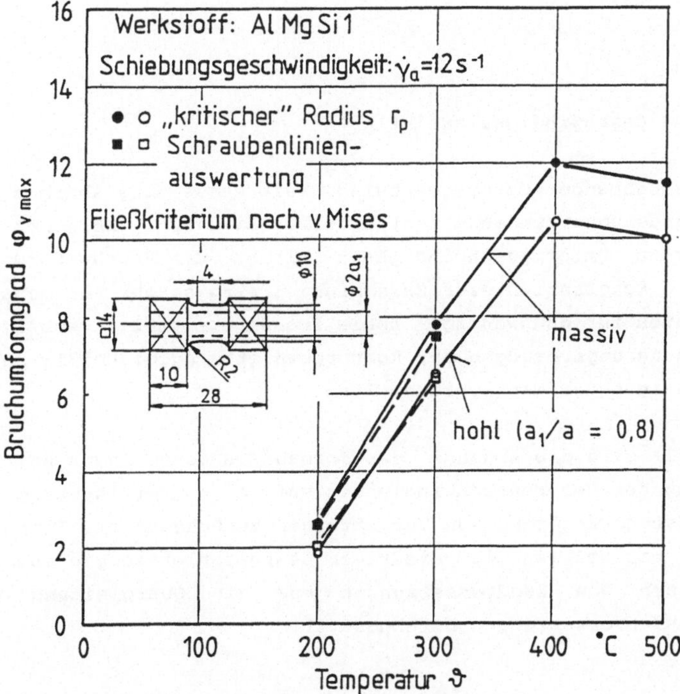

Bild 51: Einfluß der Temperatur auf das Formänderungsvermögen, AlMgSi 1.

ansteigender Aktivierung von Gleitsystemen sprunghaft zu.
Für hohe Temperaturen nimmt das Formänderungsvermögen wieder
geringfügig ab, was Nerger und Reinbold /71/ bei Stählen auf
eine Schwächung der interkristallinen Bindung und - sofern
vorhanden - auf mehrere Gefügebestandteile mit unterschiedlichen Eigenschaften zurückführen.

Die Gegenüberstellung des Formänderungsvermögens für
AlMgSi 1 (Bild 51) zeigt, daß der berechnete Bruchumformgrad
am "kritischen" Radius für alle Temperaturen bei der
gewählten Umformgeschwindigkeit nur unwesentlich unter
demjenigen massiver Proben liegt. Demnach ist die Verwendung
dünnwandiger hohler Proben auch unter diesen
Versuchsbedingungen nicht eingeschränkt.

5.3.4 Geschwindigkeitseinfluß

Mit zunehmender Umformgeschwindigkeit wurde eine Abnahme des
Formänderungsvermögens festgestellt (Bild 52). Ab einer bestimmten Umformgeschwindigkeit bleibt der Bruchumformgrad
nahezu konstant. Dieser Zusammenhang wird sowohl für massive
als auch für dünnwandige hohle Proben ermittelt, wobei das
Formänderungsvermögen der Rohrproben etwa gleichmäßig unter
demjenigen der Massivproben liegt.

In /71/ wird die Abnahme des Formänderungsvermögens bei Er-
höhung der Umformgeschwindigkeit auf eine Verringerung des
Auflösungsvermögens von Versetzungen zurückgeführt. Insbeson-
dere bei Stählen mit niedriger Stapelfehlerenergie ist das
Klettern von Randversetzungen und die Quergleitung von
Schraubenversetzungen herabgesetzt.

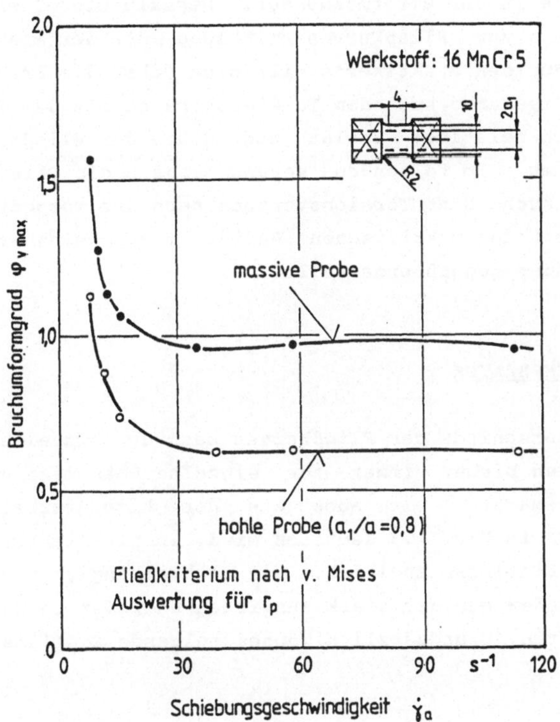

Bild 52: Einfluß der Umformgeschwindigkeit auf das Formänderungsvermögen, 16 MnCr 5.

6 VERGLEICH MIT ANDEREN VERSUCHEN ZUR FLIESSKURVENERMITTLUNG

Viele Verfahren der Massivumformung weisen starke Druckspannungsanteile in der Umformzone auf. Deshalb bietet sich als
Modellversuch zur Fließkurvenermittlung oft der Stauchversuch an. Für den Praktiker stellt sich daher die Frage, wie
gut die Fließkurve aus dem Torsionsversuch mit dem Stauchversuch nach relativem Verlauf und Höhe der Fließspannung
übereinstimmt. Im folgenden werden deshalb die Fließkurven
aus dem Stauch- und Torsionsversuch nach der vorgestellten
Näherungsmethode am kritischen Radius im vergleichbaren Bereich einander gegenübergestellt.

6.1 RAUMTEMPERATUR

Für die Unterschiede der Fließkurven nach den einzelnen Verfahren wurden bisher immer nur einzelne Phänomene verantwortlich gemacht, wie auch aus der Literaturrecherche
/4,34,38,39/ in Kap. 1.3 deutlich wird. In Wirklichkeit sind
es mehrere Einflüsse zugleich, die sich abhängig vom Werkstoff mehr oder weniger stark auswirken und/oder in Wechselwirkung treten. Grundsätzlich können folgende Einflüsse maßgebend sein:

- Die Wahl des Fließkriteriums führt zu Unsicherheiten;

- Für die verschiedenen Verfahren gelten unterschiedliche
  mittlere Normalspannungen /73,74/;

- Die Annahme, der Werkstoff bleibe während des Vorgangs
  isotrop, wird bei beiden Fließkriterien (Tresca und v.
  Mises) vorausgesetzt, trifft aber nicht zu. Bei Torsion
  wird grundsätzlich eine andere Textur während des Vorganges entstehen als beim Stauchen oder Ziehen. Für hohe
  Umformgrade konnte qualitativ nachgewiesen werden, daß
  bei Torsion vergleichsweise kleinere Momente für einen
  angenommenen isotropen Werkstoff vorliegen /75/. Ähnlich

verursacht die Zugtextur für hohe Umformgrade auch höhere Fließspannungen als theoretisch für einen isotropen
Werkstoff angenommen;

- Häufig bereitet es Schwierigkeiten, die Bedingungen für
  alle Versuchsarten gleich einzustellen. Insbesondere muß
  auch die Erwärmung der Probe bei Raumtemperatur in Abhängigkeit von Umformarbeit und Probengeometrie beachtet
  werden. Dadurch ist es möglich, daß die Fließkurven im
  Torsionsversuch infolge dynamischer Erholung bei höheren
  Umformgraden abflachen, da keine isothermischen Versuchsbedingungen vorliegen und ein starker Temperatur-
  gradient (stärkste Erwärmung am Rand der Probe) besteht.

Zu Vergleichszwecken wurden Fließkurven an den gleichen
Werkstoffen im Stauch- und Torsionsversuch bei gleicher Umformgeschwindigkeit ermittelt. Für den Zugversuch wurde die
Fließkurve stufenweise aus Kraft- und Dehnungswerten bestimmt (quasistatisch) und oberhalb der Gleichmaßdehnung extrapoliert. Beim Tordieren wurde eine hohle Probe mit dem
Radienverhältnis $a_i/a = 0,8$ und einer zylindrischen Länge
$1 = 4mm$ verwendet.

Beim Stahlwerkstoff 16 MnCr 5 (Bild 53) ergibt der Torsionsversuch für die Auswertung mit dem Fließkriterium nach Tresca die höchste Fließspannung. Die Torsionsfließkurve nach v.
Mises stimmt dem Verlauf nach mit der Stauchfließkurve gut
überein und liegt etwas darüber; bei größeren Umformgraden
verläuft sie flacher. Hier wirken sich die angesprochenen
Wärmeeinflüsse aus, da der Vorgang polytrop abläuft.

Da die Schmierung einen entscheidenden Einfluß auf die Lage
der Fließkurve aus dem Stauchversuch hat (insbesondere bei
höheren Umformgraden), werden im Zylinderstauchversuch ohne
Schmierung höher liegende Fließkurven im Vergleich zu gut
geschmierten Proben ermittelt. Nach /76/ beträgt z.B. der
Unterschied für den Stahlwerkstoff QSt 32-3 (Ma 8) ca.
20 N/mm², wenn eine molybdändisulfid- und eine teflonge-

schmierte Stauchprobe gegenübergestellt werden.

Die Zugfließkurve steigt insbesondere für größere Umformgrade im Vergleich zum Torsions- und Stauchversuch an, was aber auf die Extrapolation oberhalb $\varphi_v = 0,2$ zurückzuführen ist (Hollomon-Beziehung vorausgesetzt). Die verhältnismäßig tiefe Lage der Zugfließkurve im Vergleich zu den anderen Versuchen läßt sich auf den Geschwindigkeitseinfluß zurückführen.

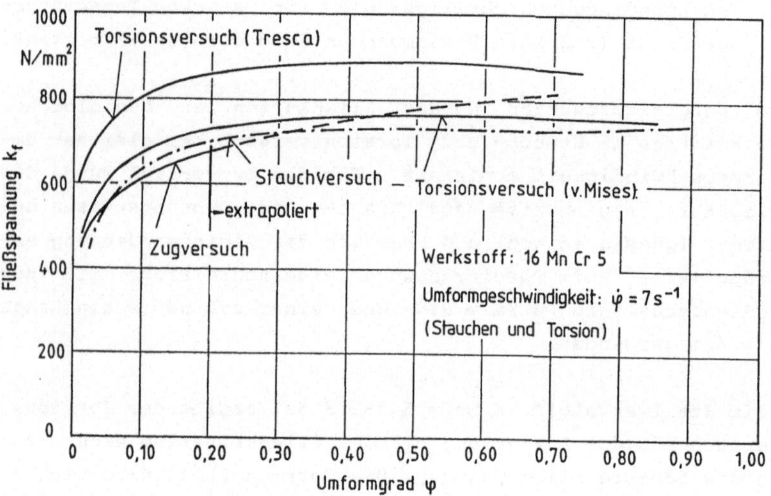

Bild 53: Vergleich von Fließkurven aus verschiedenen Versuchen bei Raumtemperatur, 16 MnCr 5.

Für AlMgSi 1 (Bild 54) liegt die Torsionsfließkurve, nach Tresca ausgewertet, näher an der Stauchfließkurve. Auch bei diesem Werkstoff verläuft die Torsionsfließkurve bei höheren Umformgraden etwas flacher. Zugversuch und Stauchversuch stimmen bis zur Gleichmaßdehnung praktisch überein.

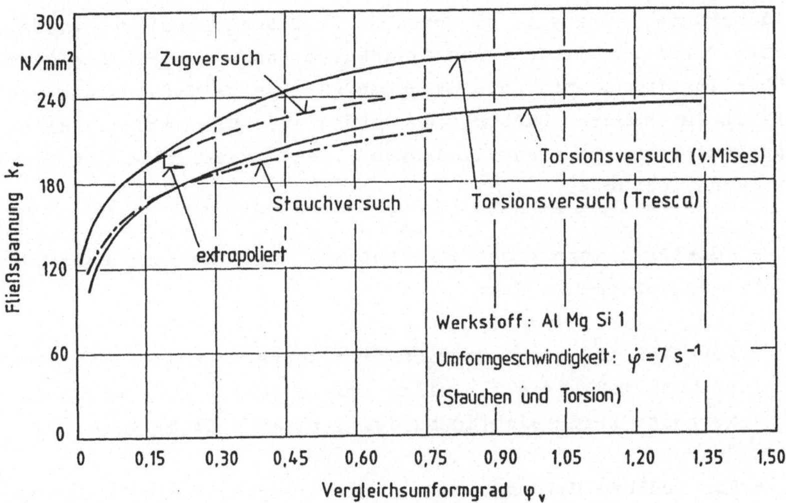

Bild 54:   Vergleich von Fließkurven aus verschiedenen Versuchen bei Raumtemperatur, AlMgSi 1.

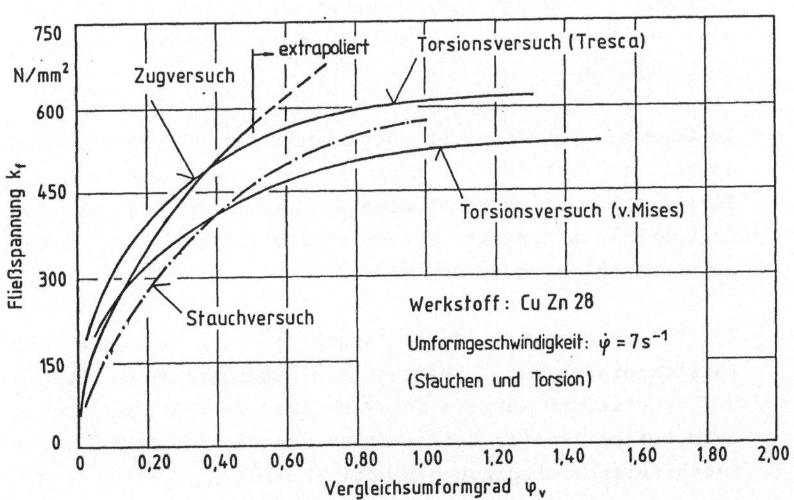

Bild 55: Vergleich von Fließkurven aus verschiedenen Versuchen bei Raumtemperatur, CuZn 28.

Der Messingwerkstoff CuZn 28 (Bild 55) zeigt im Vergleich zum Stauchversuch eine nur geringfügig höher liegende Zug-fließkurve, die erst ab etwa $\varphi_v \approx 0,5$ extrapoliert wurde. Beim Tordieren liefert die Fließkurve nach Tresca eine gute Übereinstimmung mit dem Stauchen für kleine Umformgrade und fällt für höhere Umformgrade etwas ab. Die nach v. Mises ausgewertete Torsionsfließkurve liegt deutlich unter der Stauchfließkurve.

Aus dieser vergleichenden Betrachtung können folgende Schlüsse gezogen werden:

- Der Verlauf der Torsionsfließkurve stimmt mit den Stauchfließkurven i. allg. gut überein. Dies setzt die korrekte Berücksichtigung der wirksamen Länge voraus.

- Für größere Umformgrade ($\varphi > 0,5$) verläuft die Torsions-fließkurve unabhängig vom Werkstoff im Vergleich zum Stauchen flacher. Da für alle Werkstoffe nicht die glei-chen Anisotropieeffekte verantwortlich gemacht werden können, ist dieser Zusammenhang vermutlich auf die spe-ziellen Eigenschaften des Zylinderstauchversuches zu-rückzuführen.

- Im Gegensatz zu früheren Untersuchungen /34,38,39/ wird sowohl im Verlauf als auch in der absoluten Höhe der Fließspannung eine befriedigende Übereinstimmung mit dem Stauchversuch erzielt, sofern starke Anisotropieeinflüs-se ausgeschlossen werden können.

- Zur Vergleichbarkeit der unterschiedlichen Versuche bei Raumtemperatur ist unbedingt die Temperaturentwicklung und -verteilung während des Versuches zu beachten, wenn (wie beispielsweise bei erhöhter Geschwindigkeit) keine isothermischen Bedingungen möglich sind.

6.2 ERHÖHTE TEMPERATUREN

Bei erhöhten Temperaturen wurden exemplarisch für die Werkstoffe AlMgSi 1 und 16 MnCr 5 die Fließkurven aus Stauch- und Torsionsversuch verglichen. Die Vergleichsumformgeschwindigkeit betrug 7 s⁻¹. Im Stauchversuch kann dabei nur im Bereich bis ca. $\varphi = 1{,}1$ eine nahezu konstante Umformgeschwindigkeit vorausgesetzt werden, da bei höheren Umformgraden die Geschwindigkeit auf der verwendeten Exzenterpresse abfällt. Die Fließkurve wurde jedoch trotzdem bis zum Ende des Vorganges ausgewertet.

Bei Anwendung des Fließkriteriums nach Tresca liegen die Halbwarm- und Warmstauchfließkurven für alle Temperaturen unter den Torsionsfließkurven. Wird das Fließkriterium nach v. Mises verwendet, so wird mit zunehmender Probentemperatur die Annäherung der Torsionsfließkurve an die Zylinderstauchfließkurve immer besser (Bild 56). Für 400°C und 500°C erge-

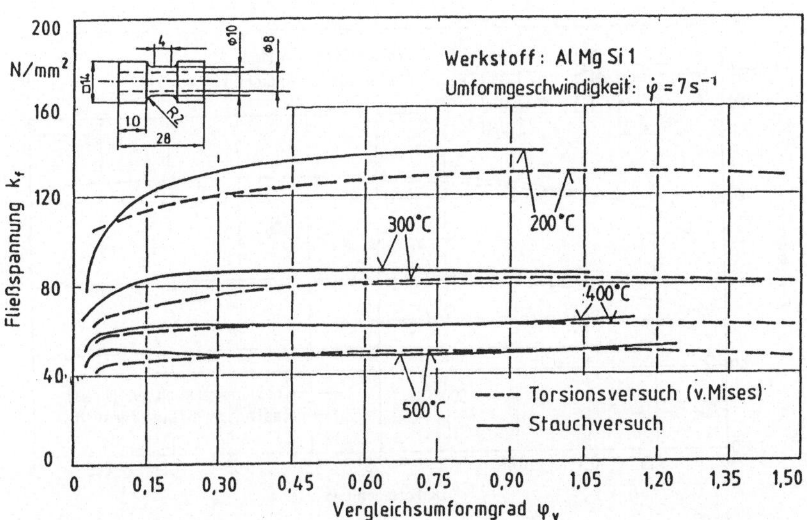

Bild 56: Vergleich von Zylinderstauch- und Torsionsfließkurven bei erhöhten Temperaturen, AlMgSi 1.

ben beide Versuche nahezu identische Fließkurven, wobei sich
jedoch beim konventionellen Zylinderstauchen oberhalb
$\varphi = 1,0$ der Reibungseinfluß stark bemerkbar macht und zu einem Anstieg des Umformwidestandes führt. Für den relativen
Verlauf der Fließkurven im Bereich $\varphi \leq 1,0$ wird bei allen
Temperaturen eine befriedigende Übereinstimmung erzielt.

Bei Anwendung von Rastegaev-Stauchproben mit geringem Reibungseinfluß bis zum Ende des Vorganges bei nahezu homogener
Umformung wird für alle Temperaturen der relative Verlauf
der Torsionsfließkurven nach v. Mises in guter Übereinstimmung nachvollzogen (Bild 57). Die etwas größeren Unterschiede im Anfangsbereich der Fließkurven sind auf Fehler bei der
Berechnung der Höhenabnahme im Rastegaev-Stauchversuch zurückzuführen /77/.

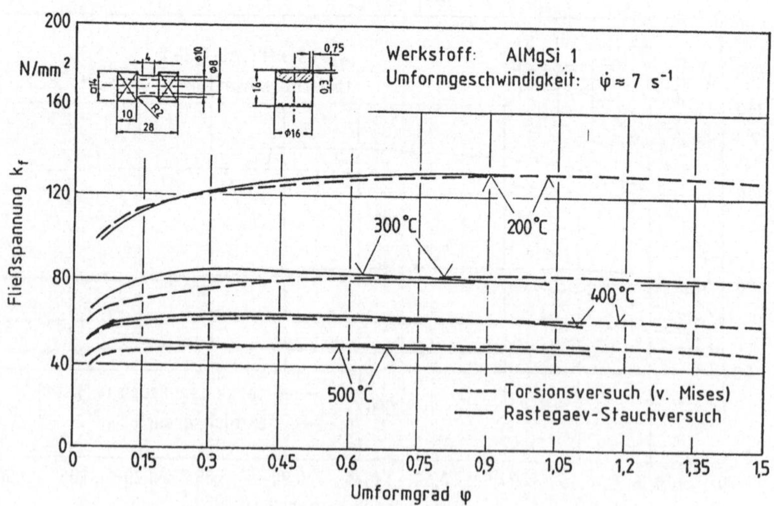

Bild 57: Vergleich von Torsions- und Rastegaev-Stauchfließ-
kurven bei erhöhten Temperaturen, AlMgSi 1.

Den grundsätzlichen Einfluß der Reibung beim Warmstauchen zeigt exemplarisch Bild 58. Bei ungeschmierten Proben aus 16 MnCr 5 ergibt sich dabei ein starker Kraftanstieg gegen Ende des Vorganges und ein großer Fehler bei Nichtberücksichtigung der Reibung. Werden die Stirnflächen der Zylinderstauchprobe geschmiert, so werden wesentlich bessere Ergebnisse erzielt. Die Verwendung von Proben mit schmierstoffgefüllten Stirntaschen (Rastegaev-Proben) führt gegen Ende des Vorganges im Vergleich zu konventionell geschmierten Zylinderproben zu einer weiteren geringfügigen Verringerung des ermittelten Umformwiderstandes. Im Anfangsbereich der Fließkurve liegt die Fließkurve der Rastegaev-Stauchprobe unter denen konventioneller Stauchproben, was wiederum auf Fehler bei der Berechnung der Höhenabnahme schließen läßt. Ähnliche Tendenzen wurden in /78/ an dem Stahl 50 CrV 4 festgestellt.

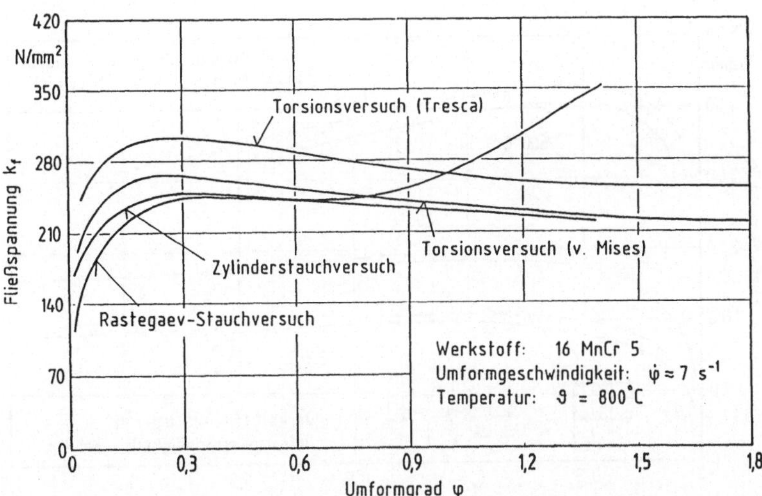

Bild 58: Torsionsfließkurven und Stauchfließkurven bei unterschiedlicher Reibung für 800°C, 16 MnCr 5.

Die Torsionsfließkurve, nach v. Mises ermittelt, stimmt nach
Betrag und Verlauf zu Beginn des Vorganges besser mit dem
Zylinderstauchversuch überein. Für höhere Umformgrade sind
die Unterschiede im Vergleich zum Rastegaev-Stauchversuch
geringer. Die Torsionsfließkurve nach Tresca liegt deutlich
höher im Vergleich zu allen Stauchfließkurven und zeigt auch
eine schlechtere Korrelation im relativen Verlauf.

Auch für andere Versuchstemperaturen liegen die nach v. Mises ausgewerteten Torsionsfließkurven des Stahlwerkstoffes
16 MnCr 5 näher an den Stauchfließkurven (Bild 59). Dabei
zeigt sich ebenfalls eine gute Übereinstimmung im relativen
Verlauf. Die Torsionsfließkurven ergeben eine um etwa 5% höhere Fließspannung bei gleichem Umformgrad im Vergleich zum
Stauchen. Darüber hinaus ist auch bei diesem Werkstoff eine
etwas größere Diskrepanz der Fließspannungen im Verfesti-
gungsbereich zu Beginn des Vorganges festzustellen, insbesondere für die Temperaturen 800°C und 1000°C.

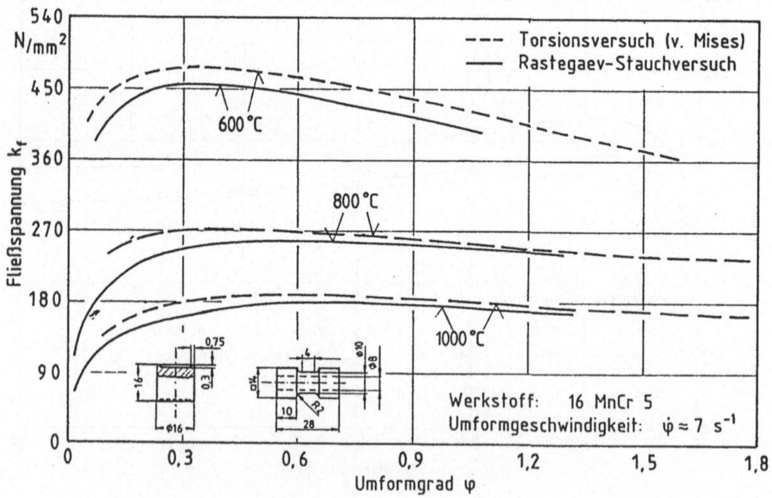

Bild 59: Vergleich von Torsions- und Stauchfließkurven nach
Rastegaev bei erhöhten Temperaturen, 16 MnCr 5.

Aus allen vergleichenden Betrachtungen der Fließkurven im
Halbwarm- und Warmbereich der Werkstoffe wurde deutlich, daß
die Verwendung massiver Proben zu keiner wesentlichen Ver-
schlechterung im Hinblick auf den relativen Verlauf der
Fließkurven führt. Diese Aussage bezieht sich jedoch nur auf
den vergleichbaren Bereich nicht zu hoher Umformgrade
($\varphi < 1{,}5$). Die hierbei nur geringfügigen Unterschiede beim
Vergleich von Fließkurven massiver und hohler Proben sind
beispielsweise auch aus Bild 40 zu ersehen.

6.3 GESCHWINDIGKEITSEINFLUSS

Der Vergleich von Stauch- und Torsionsfließkurven wurde außerdem für höhere Umformgeschwindigkeiten durchgeführt. Da
Massivumformverfahren häufig bei höheren Umformgeschwindigkeiten ablaufen, ist die Aufnahme von (adiabaten) Fließkur-

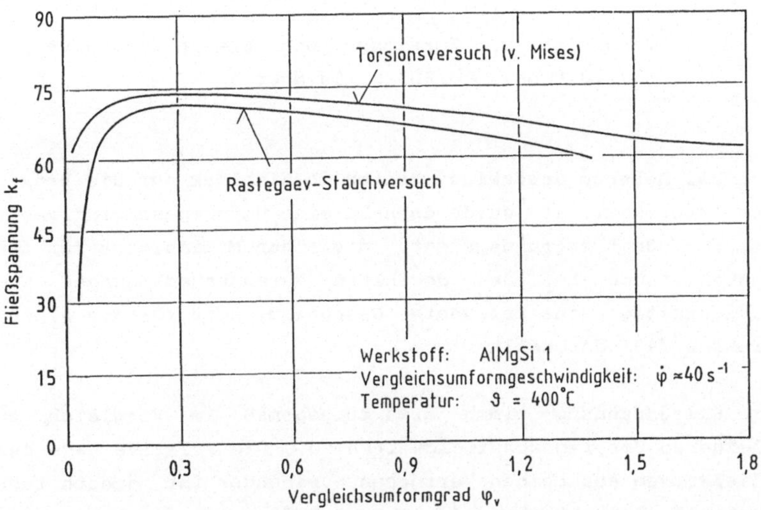

Bild 60: Vergleich von Torsions- und Stauchfließkurve für
$\dot{\varphi} = 40\,s^{-1}$ bei $\vartheta = 400°C$, AlMgSi 1.

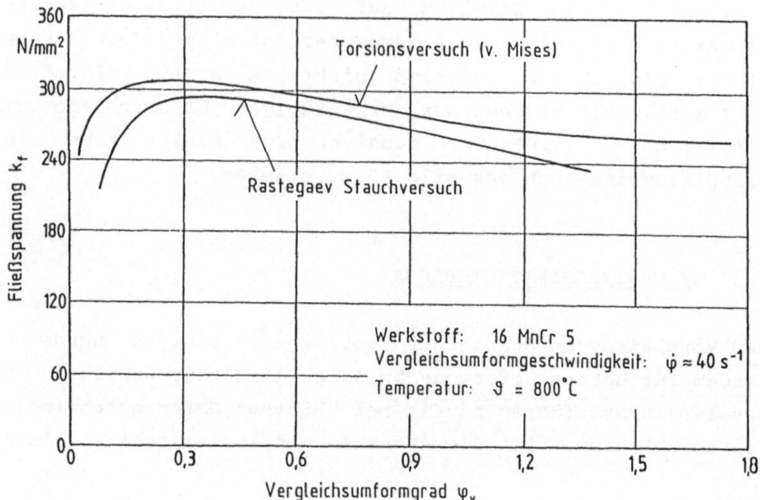

Bild 61: Vergleich von Torsions- und Stauchfließkurve für $\dot{\varphi} = 40 s^{-1}$ bei $\vartheta = 800°C$, 16 MnCr 5.

ven bei höheren Geschwindigkeiten im Hinblick auf die Praxis von Interesse. Es wurde deshalb eine Umformgeschwindigkeit von $\dot{\varphi} = 40s^{-1}$ zugrundegelegt, die einen Maximalwert für den Stauchversuch bei den gewählten Versuchsbedingungen und gleichzeitig eine relevante Geschwindigkeit für das Fließpressen /43/ darstellt.

Die Fließspannung nimmt erwartungsgemäß im Vergleich zu kleineren Umformgeschwindigkeiten zu. Die relative Lage der Fließkurven aus beiden Versuchen zueinander ist jedoch tendenziell gleichbleibend (vgl. Kap. 7.2), wie exemplarisch in Bild 60 und 61 dargestellt.

7 GENAUIGKEITSBETRACHTUNG

Für Fließkurven, deren Verlauf von Gleichung (1) abweicht, wurden die Gleichungen (19) und (20) für die Schubspannung und das Drehmoment aufgestellt. Der als "zweite Näherung" bezeichnete Zusammenhang zur Berechnung der Schubspannug wird unter der Annahme erhalten, daß die Korrekturfunktionen f_2 und $\bar{f}$ in den Gleichungen (26) und (21) annähernd gleich sind. Der zweite Summand der rechten Seite von Gleichung (26) muß folglich vernachlässigbar klein sein. Diese Annahme soll im folgenden für verschiedene Fließkurvenverläufe, die nach dem Grad der Abweichung vom φ^n-Verlauf eingeteilt sind, überprüft werden. Hierbei wird in erster Linie anhand eines Vergleichs dünnwandiger hohler und massiver Proben der Einfluß der Probenwanddicke untersucht.

Folgende Fließkurvenverläufe werden an dieser Stelle näher betrachtet:

- Fließkurve entsprechend dem Hollomon-Ansatz (exakter φ^n-Verlauf);

- Fließkurve entsprechend dem Ludwik- oder Swift-Ansatz (leicht abweichend vom φ^n-Verlauf);

- unregelmäßig verlaufende Fließkurve mit starker Abweichung vom φ^n-Verlauf (z.B. oszillierende Warmfließkurve).

7.1 ABHÄNGIGKEIT DER KORREKTURFUNKTION $\bar{f}$ VON DER UMFORMGESCHWINDIGKEIT

Zunächst erfolgte die Überprüfung der Geschwindigkeitsabhängigkeit der Korrekturfunktion $\bar{f}$.

Exemplarisch ist in Bild 62 die Funktion $\bar{f}$ in Abhängigkeit

vom Verdrehwinkel θ für drei verschiedene Umformgeschwindigkeiten bei dünnwandigen hohlen Proben ($a_1/a = 0,8$) aufgetragen. Die Prüftemperatur betrug einheitlich $\vartheta = 300°C$. Der
Kurventyp weicht stark vom φ^n-Verlauf ab. Der erhaltene Wer-
tebereich für die Korrekturfunktion $\bar{f}$ ist nahezu unabhängig
von der Umformgeschwindigkeit.

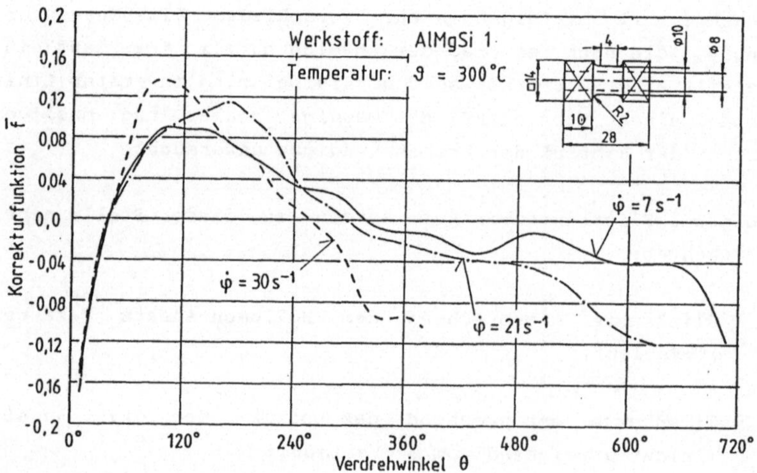

Bild 62: Korrekturfunktion $\bar{f}$ für verschiedene Umformgeschwindigkeiten.

Auch bei stark oszillierenden Fließkurven des Werkstoffes
AlMgSi 1 bei 400°C können für massive Proben ähnliche Tendenzen festgestellt werden, so daß ein Einfluß der Umformgeschwindigkeit auf die Korrekturfunktion kaum vorhanden ist
und die Werte sich im annähernd gleichen Bereich bewegen.

Für die erste und zweite Ableitung nach der Geschwindigkeit
($\delta f/\delta\dot{\gamma}_a$ und $\delta^2 f/\delta\dot{\gamma}_a^2$) ergeben sich vernachlässigbar kleine

Werte. Damit kann für weitere Untersuchungen vereinfachend folgende Beziehung angenommen werden, die aus Gleichung (26) hervorgeht.

$$f_2(\gamma_p, \dot{\gamma}_p) = \bar{f}(\gamma_a, \dot{\gamma}_a, \gamma_{a_1}, \dot{\gamma}_{a_1}) + D^*(\gamma_a^2 \frac{\partial^2 f}{\partial \gamma_a^2}) \tag{44}$$

bzw.

$$f_2(\gamma_p, \dot{\gamma}_p) = \bar{f}(\gamma_a, \dot{\gamma}_a, \gamma_{a_1}, \dot{\gamma}_{a_1}) + D^*(\vartheta_a^2 \frac{\partial^2 f}{\partial \vartheta_a^2}) \tag{45}$$

Hierin ist D* durch Gleichung (27) gegeben.

Der Vergleich der Korrekturfunktionen $\bar{f} = \bar{f}(\Theta)$ sowie $f_2 = f_2(\Theta)$ gibt Aufschluß über die Anwendbarkeit der Näherungslösung unter Verwendung des "kritischen" Radius.

7.2 VERGLEICH DER KORREKTURFUNKTIONEN

7.2.1 Fließkurve nach dem Hollomon-Ansatz

Zur Untersuchung einer Torsionsfließkurve, die exakt einem φ^n- Verlauf (Hollomon- Beziehung) folgt, wurde eine analytische Fließkurve des Werkstoffes AlMgSi 1 für Raumtemperatur zugrunde gelegt.

Bei Berechnung der Korrekturfunktionen ergibt sich das zu erwartende Ergebnis. Für alle gewählten Radienverhältnisse werden die Funktionen zu Null erhalten. Entsprechend den theoretischen Ausführungen in Kap. 5 ist somit die Genauigkeit bei einer dem φ^n-Verlauf exakt folgenden Kurve unabhängig vom Radienverhältnis der Probe.

Die zweckmäßige Probengeometrie für einen Werkstoff, dessen

Fließkurve exakt einen φ^n-Verlauf aufweist, ist damit nicht eingeschränkt. Somit können für solche Fließkurven auch massive Proben ohne Genauigkeitsverlust eingesetzt werden. Dies gilt somit insbesondere für niedriglegierte Stähle, Aluminium und dessen Legierungen.

7.2.2 Vom φ^n-Verlauf leicht abweichende Fließkurve

Eine vom φ^n-Verlauf leicht abweichende Fließkurve mit kontinuierlichem Anstieg und einem flacheren Auslaufbereich für höhere Umformgrade ist insbesondere für nichtrostende austenitische Stähle und Messinglegierungen charakteristisch. Diese Fließkurven lassen sich i. allg. mit einer Ludwik- oder Swift- Gleichung /79/ beschreiben.

Für diesen Kurventyp wurde als Beispiel eine Raumtemperaturfließkurve des Werkstoffes CuZn 28 zugrundegelegt. Bild 63 zeigt, daß für dünnwandige Proben mit einem Radienverhältnis $a_1/a = 0,8$ beide Korrekturfunktionen identisch sind oder nur geringfügige Unterschiede aufweisen.

Aus Bild 63 wird außerdem deutlich, daß bei Anwendung massiver Proben des gleichen Werkstoffes stärkere Diskrepanzen zwischen den Korrekturfunktionen f und f_2 auftreten. Diese Tendenz kann bei dieser Fließkurve als nahezu unabhängig vom Verdrehwinkel angesehen werden, d.h. es treten über den gesamten Bereich der Fließkurven leichte Ungenauigkeiten auf.

7.2.3 Vom φ^n-Verlauf stark abweichende Fließkurve

Eine starke Abweichung der Fließkurve vom φ^n-Verlauf ist i. allg. nicht typisch für bestimmte Werkstoffe, sondern resultiert hauptsächlich aus den Versuchsbedingungen. Hierzu gehören in erster Linie Fließkurven, die bei erhöhter Umform-

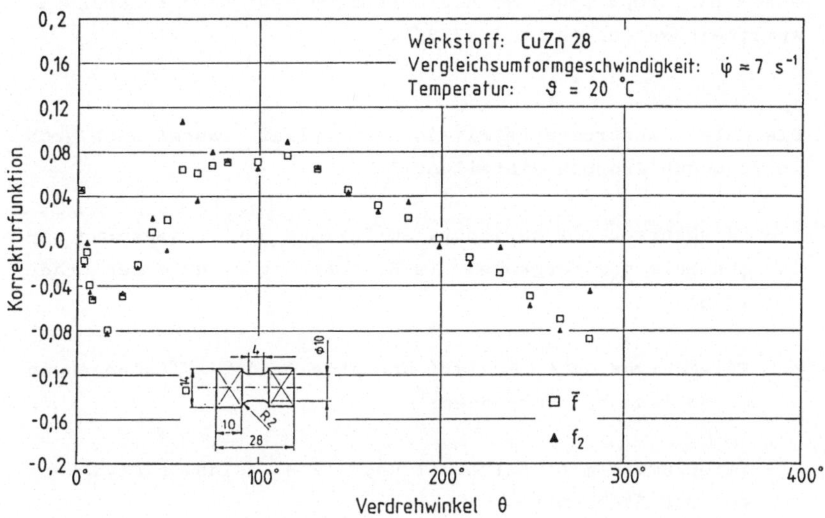

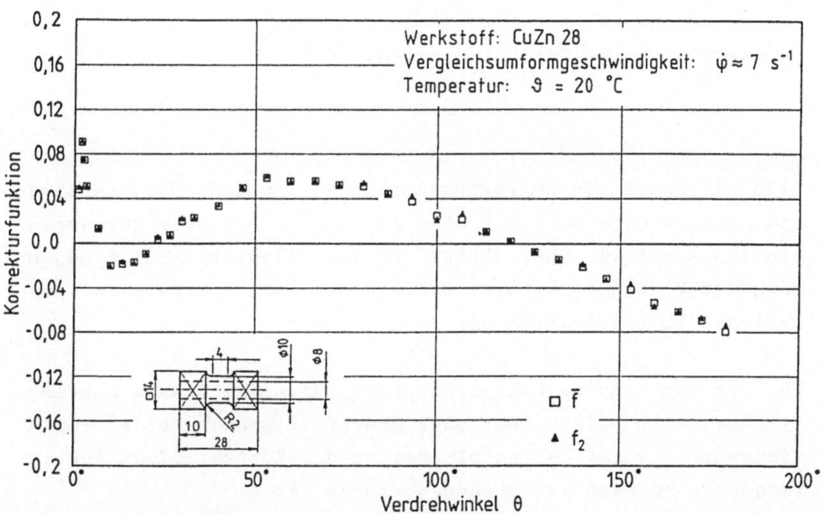

Bild 63: Vergleich der Korrekturfunktionen $\bar{f}$ und f_2 für leicht vom φ^n-Verlauf abweichende Fließkurve (RT, CuZn 28).

geschwindigkeit (daraus folgt oft ein Temperatureinfluß durch polytrope oder adiabate Bedingungen) oder -temperatur ermittelt wurden (s. z.B. /59/).

Die dabei auftretenden Fließkurvenverläufe lassen sich grob in folgende Gruppen einteilen:

- Fließkurven mit horizontalem Verlauf der Fließkurve gegen Ende des Vorganges (z.B. infolge dynamischer Erholung);

- Fließkurven mit Maximum und abfallender Fließspannung gegen Ende des Vorganges;

- Fließkurven mit "Sattelbildung" (z.B. adiabate Fließkurven von Stählen);

- ansteigende Fließkurven mit Wendepunkten;

- oszillierende Warmfließkurven.

Bild 64 zeigt die Korrekturfunktionen $\bar{f}$ und f_2 für massive und dünnwandige hohle Proben für eine Fließkurve des Werkstoffes AlMgSi 1, bei 200°C. Diese Fließkurve fällt gegen Ende des Vorganges infolge Entfestigung nach Erreichen des Maximums kontinuierlich ab.

Für die dünnwandige Hohlprobe ergibt sich bei diesem Kurventyp ebenfalls eine sehr gute Übereinstimmung beider Funktionswerte, wobei der Absolutbetrag der Korrekturfunktion im Vergleich zu massiven Proben geringer ist.

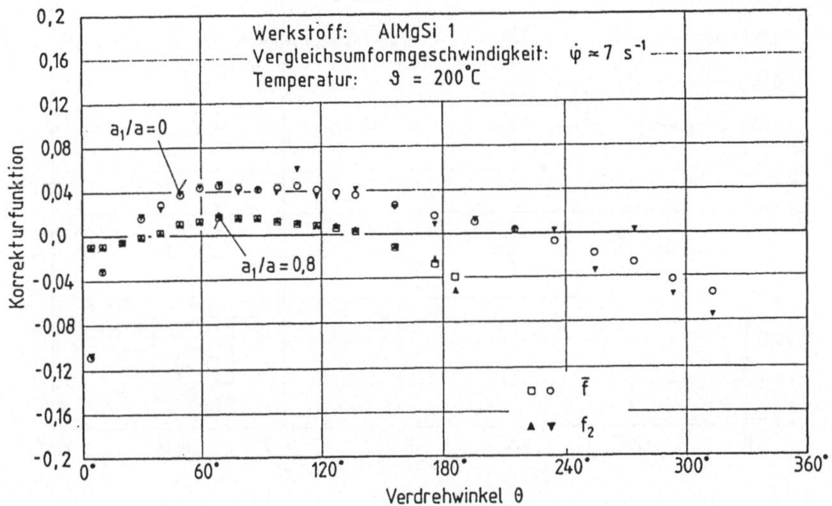

Bild 64: Vergleich der Korrekturfunktionen $\bar{f}$ und f_2 für massive und dünnwandige hohle Proben bei $\vartheta = 200°C$, AlMgSi 1.

Die dünnwandigen Hohlproben zeigen auch für stark oszillierende Kurvenverläufe keine signifikanten Unterschiede der Korrekturfunktionen $\bar{f}$ und f_2 (Bild 65). Exemplarisch wurde hierzu eine Fließkurve des Werkstoffes AlMgSi 1 für eine Umformtemperatur $\vartheta = 500°C$ ausgewählt. Gegenüber Fließkurven, die nur leicht vom φ^n-Verlauf abweichen, werden hier höhere Absolutwerte im Bereich $\pm 0,12$ berechnet.

Für massive Proben ergeben sich für diesen Fließkurventyp insbesondere bei höheren Verdrehwinkeln starke Streuungen und deutliche Unterschiede der Korrekturfunktionen (Bild 65). Der bei massiven Proben um eine Zehnerpotenz höhere Koeffizient D* und die wegen des oszillierenden Kurven-

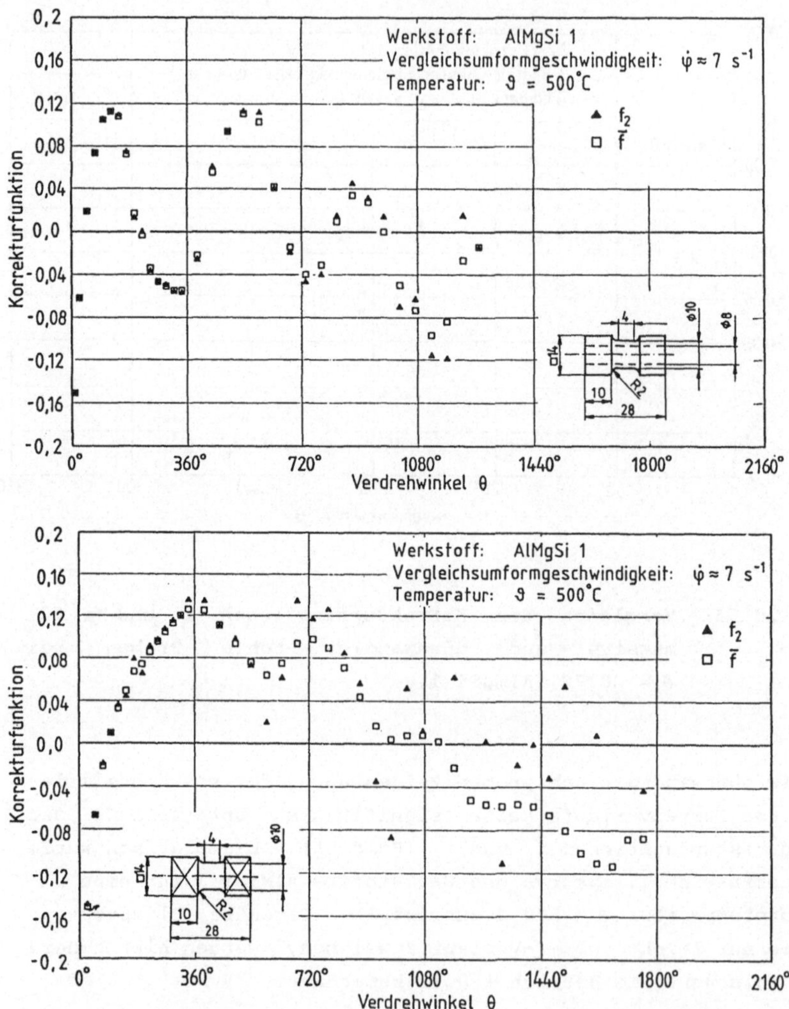

Bild 65: Vergleich der Korrekturfunktionen $\bar{f}$ und f_2 für stark vom φ^n-Verlauf abweichende Fließkurve ($\vartheta = 500°C$, AlMgSi 1).

verlaufes zunehmende zweite Ableitung verursachen signifikante Differenzen der beiden Korrekturfunktionen.

Insgesamt betrachtet zeigt der Vergleich der beiden Korrekturfunktionen $\bar{F}$ und f_2 , daß die für die Näherungslösung getroffene Annahme bei Verwendung dünnwandiger hohler Proben auch für stark von Gleichung (1) abweichende Fließkurvenverläufe ihre Gültigkeit behält.

Für massive Proben ergeben sich bereits bei leicht vom φ^n-Verlauf abweichenden Fließkurven Diskrepanzen für beide Korrekturfunktionen. Dieser Effekt wird mit Zunahme der Abweichung von Gleichung (1) verstärkt. Somit kann für eine genaue Auswertung bei sehr unregelmäßigen Fließkurven (z.B. oszillierende Warmfließkurven) nur die Verwendung dünnwandiger hohler Proben empfohlen werden.

 <u>EMPFEHLUNGEN FÜR DIE PRAKTISCHE ANWENDUNG DES TORSIONS-
VERSUCHES</u>

Da nur wenige Torsionsanlagen zur Fließkurvenermittlung im
Handel erhältlich sind, ist u. U. ein Eigenbau anzuraten.
Zur Ermittlung von Fließkurven im Kalt-und Warmbereich sollte die Anlage und die Meßperipherie dabei folgenden speziellen Anforderungen genügen:

- hinreichend großes verfügbares Drehmoment (bei Motor
  und Kupplung), das für massive Proben auch bei höher-
  festen Werkstoffen einen ausreichenden Außendurchmesser zuläßt;

- möglichst konstante Geschwindigkeit während des gesamten Versuches, auch bei sehr kurzzeitigen Vorgängen.
  Dies ist durch Einbau einer großen Schwungmasse zu erreichen;

- sprunghafter Anstieg auf die Enddrehzahl bei Versuchs-
  beginn durch eine schnell ansprechende Kupplung in
  Verbindung mit der Schwungmasse;

- Überdeckung eines großen Geschwindigkeitsbereiches:
  diese kann durch entsprechende Motorenauswahl, aber
  auch durch geeignete Probengeometrie beeinflußt werden. Die Geschwindigkeit sollte dabei an die vorhande-
  nen Umformgeschwindigkeiten des zugrundeliegenden Vorganges angeglichen werden;

- zur Aufnahme von Fließkurven bei erhöhten Temperaturen
  sollte eine möglichst homogene Durchwärmung (axial und
  radial) mit einer genauen Temperaturmessung an der
  Probe (mit Thermoelementen) erfolgen;

- präzise Messung des Verdrehwinkels mittels eines Drehwinkelgebers;

- unmittelbare Aufzeichnung der Drehmoment - Drehwinkel
  - Kurve mit hoher Auflösung (z.B. x-y-Schreiber).

Der relativ hohe Aufwand für die Probenherstellung, insbesondere für sehr dünnwandige hohle Proben, sollte durch Einsatz einer CNC-Drehmaschine minimiert werden. Dadurch wird für die praktische Anwendung des Torsionsversuches nicht nur eine wirtschaftliche Fertigung der Proben erreicht, sondern auch eine hohe Reproduzierbarkeit von Geometrie und Oberfläche. Diese Voraussetzungen sind für eine zuverlässige Durchführung und Auswertung des Torsionsversuches unabdingbar, da sowohl die Probengeometrie als auch die Oberflächenstruktur die Versuchsergebnisse beeinflussen.

Als zweckmäßigstes Lösungsverfahren für die praktische Anwendung kann nach der neuen Lösungsmethode vorgeschlagen werden, den "kritischen" Radius r_P nach Gleichung (25) und die Schubspannung nach Gleichung (30) sowie den Vergleichsumformgrad nach Gleichung (41) zu ermitteln.

Der entscheidende Vorteil des neuen Verfahrens besteht darin, daß das Korrekturglied 1. Ordnung in Gleichung (26) durch geeignete Wahl des "kritischen" Radius verschwindet und das meistens kleine Korrekturglied 2. Ordnung in Gleichung (26) umso mehr verringert wird, je größer das Radienverhältnis a_1/a einer hohlen Probe ist.

Dadurch wird die Auswertung des Torsionsversuches, insbesondere für Fälle, in denen ein starker Einfluß der Geschwindigkeit vorliegt (Warmtorsion), vereinfacht. Die Versuchsdurchführung bei Verwendung von hohlen Proben wird damit zugleich wirtschaftlicher, da trotz des höheren Fertigungsaufwandes weniger Proben benötigt werden, um die gleiche Information zu erhalten: die Ermittlung des m-Wertes entfällt, da die Auswertung geschwindigkeits- und werkstoffunabhängig ist.

Für Proben mit relativ kurzer zylindrischer Länge 1 ist die

effektiv umgeformte "wirksame" Länge l_w bei der Berechnung des Umformgrades unbedingt zu berücksichtigen, um größere Fehler zu vermeiden. Grundsätzlich kann diese Auswertungsmethode für alle möglichen kreiszylindrischen Querschnitte unabhängig von der Wanddicke der Probe mit hoher Genauigkeit angewandt werden.

Es muß jedoch an dieser Stelle erwähnt werden, daß die Werkstoffkennwerte bekannt sein müssen, wenn die "wirksame Länge" (Gleichung (35)) rechnerisch ermittelt wird. Es ist deshalb ratsam, die "wirksame" Länge experimentell zu bestimmen, wodurch der Versuchsaufwand wieder erhöht wird (s./52/).

Im Hinblick auf die Genauigkeit des relativen Verlaufes der nach der neuen Auswertungsmethode ermittelten Fließkurven sind möglichst dünnwandige hohle Proben zu verwenden. Diese Forderung gilt umso mehr, je stärker die Kurve vom φ^n-Verlauf abweicht. Vor allem bei der Ermittlung genauer Fließkurvenverläufe im Halbwarm- und Warmbereich sind hohle Proben erforderlich.

Der Torsionsversuch findet häufig dann Anwendung, wenn ein Modellversuch zur Ermittlung des plastischen Verhaltens bei höheren Umformgraden gesucht wird. Für die Praxis ist dies von Bedeutung bei technischen Massivumformverfahren, die höhere Umformgrade erreichen (z.B. Vollvorwärtsstrangpressen, Vollvorwärtsfließpressen, Napfrückwärtsfließen).

Das Erreichen höherer Umformgrade wird durch Verwendung hohler Proben bei den zugrundegelegten Versuchsbedingungen praktisch nicht eingeschränkt. Ein Vergleich der Ergebnisse der Auswertungsmethode am "kritischen Radius" mit Umformgraden, die mit der experimentellen Schraubenlinienmethode ermittelt wurden, liefert häufig sogar realistischere Werte für den Bruchumformgrad als die bei Auswertung am Außenradius.

Der Vergleich von Fließkurven aus Zug-, Stauch- und Torsionsversuch zeigt, daß die nach der vorgestellten Näherungsmethode ausgewerteten Torsionsfließkurven unter Verwendung hohler Proben in Betrag und Verlauf befriedigend übereinstimmen, wenn das Fließkriterium nach v. Mises angewandt wird.

Dies gilt insbesondere, wenn für den Stauchversuch ein nahezu homogener und reibungsarmer Vorgang erreicht wird (Rastegaev-Stauchversuch). Die Stauchfließkurven liegen dann betragsmäßig leicht unter den Torsionsfließkurven. Auch für Warmtorsionsversuche wird im vergleichbaren Bereich eine gute Übereinstimmung mit dem Stauchversuch erzielt, vor allem bei sehr hohen Temperaturen.

Insgesamt betrachtet kommt der Torsionsversuch damit sowohl für Kalt- als auch für Warmversuche zur Fließkurvenermittlung in Frage und ist auch für diejenigen Massivumformverfahren als Modellversuch geeignet, die starke Druckspannungsanteile in der Umformzone aufweisen. Er ist deshalb nicht nur für den "wissenschaftlich messenden" Grundlagenforscher, sondern auch für den Umformtechniker in der Industrie von Bedeutung.

Schrifttum

/1/   Hollomon, J.H.: Tensile Deformation. Trans. Met. Soc.
        AIME 162 (1945), S. 268-290.

/2/   Kovacevic, R.; Funke, P.:   Ermittlung der Formände-
        rungsfestigkeit im Warmverdrehversuch. Stahl und Eisen
        98 (1978) 21, S. 1077-1081.

/3/   Hecker, F.H.: Beitrag zur Ermittlung von Fließkurven
        im Verdrehversuch. Arch. Eisenhüttenwes. 42 (1971), S.
        813-818.

/4/   Preiser, H.: Der Warmtorsionsversuch und seine unter-
        schiedlichen Verfahren zur Aufnahme von Fließkurven.
        Diss. TU Clausthal, 1972.

/5/   Heymann, G.: Balla, G.: Schubspannungsverteilung   bei
        überelastischer Torsion von Fe-Rundproben. Neue Hütte
        15 (1970) 11, S. 691-695.

/6/   Ludwik, P.; Scheu, R.: Vergleichende Zug-, Druck- und
        Walzversuche. Stahl und Eisen 45 (1925) 11, S. 1259-
        1272.

/7/   Fields Jr., D.S.; Backofen, W.A.:   Determination   of
        Strain-Hardening Characteristics by Torsion Testing.
        Proc. Amer. Soc. Test. Mater. 57 (1957), S. 1259-1272.

/8/   Pöhlandt, K.; Tekkaya, A.E.: Der Torsionsversuch zur
        Aufnahme von Fließkurven unter Berücksichtigung des
        Einflusses der Umformgeschwindigkeit. Z. Metallkde 76
        (1985) 2, S. 108-114.

/9/   Pöhlandt, K.; Tekkaya, A.E.: Torsion Testing - Plastic
        Deformation to high Strains and high Rates. Mater-
        ials Science and Technology, 11 (1985) 1, S. 972-977.

/10/ Canova, R.; Shrivastava, S.; Jonas, J.J.; G'Sell, C.: The Use of Torsion Testing to Assess Material Formability. Formability of Metallic Materials - 2000 A.D., ASTM STP 753, J.R. Newby and B.Y. Niemeier, Eds., American Society for Testing and Materials (1982), S. 189-210.

/11/ Pink, E.; Grinberg, A.: Praktische Aspekte des Portevin-Le Chatelier-Effektes. Aluminium 60 (1984) 9/10, S. 687-691 / 764-768.

/12/ Brown, M.W.: Torsional Stresses in Tubular Specimens. J. Strain Analysis 13 (1978), S.23-28.

/13/ Juferov, V.M.; Gejko, I.K.: Das Formänderungsvermögen von nichtrostenden und warmfesten Stählen. Stal in Deutsch (1967) 7, S. 493-498.

/14/ Neumann, H.; Weißbach, B.: Nachweis einer neuen Methode zur Schubspannungsberechnung im Torsionsversuch. Freiberger Forschungsheft B 247, S. 67-75, Leipzig: VEB Deutscher Verlag für Grundstoffindustrie 1985.

/15/ Gorev, B.V.: Plotting of torsional strain curves. Zavodskaya Laboratoriya, 44 (1978) 12, S. 1511-1514.

/16/ Barraclough, D.R.; Whittaker, H.J.; Nair, K.D.; Sellars, C.M.: Effect of Specimen Geometry on Hot Torsion Test Results for Solid Tubular Specimens. J. Testing Eval. (JTEVA) 1 (1973) 3, S. 220-226.

/17/ Fields Jr., D.S.; Backofen W.A.: Temperature and Rate Dependence of Strain Hardening in the Aluminium Alloy 2024-0. Transactions of the ASM 51 (1958), S. 946-960.

/18/ Neumann, H.; Spittel, M.: Untersuchungen zum Formänderungszustand beim Warmtorsionsversuch. Neue Hütte, 29 (1984) 7, S. 263-268.

/19/   Exner, K.; Papsdorf, P.: Untersuchungen zum Entfesti-
       gungsverhalten mikrolegierter Baustähle und dem Form-
       änderungsvermögen hochlegierter Stähle. Freiberger
       Forschungsheft B 183, S.8-80, Leipzig: VEB Deutscher
       Verlag für Grundstoffindustrie 1975.

/20/   Bailey, J.A.;   Haas, S.L.: A Hot Workability Test.
       Journal of Maaterials, JMLSA, 7 (1972) 1, S.8-13.

/21/   Blain, R.;   Rossard, C.: Torsionsplastometer zur Nach-
       ahmung der Gefügeausbildung beim Warmbandwalzen. Neue
       Hütte 7 (1962) 11, S. 679-681.

/22/   Beck, G.: Untersuchungen der Warmverformbarkeit von
       Stählen, besonders mit dem Warmdrehversuch. Stahl und
       Eisen 83 (1963) 22, S. 1369-1374.

/23/   Hempel, M.: Warmformbarkeit von Stählen.   Draht 18
       (1967) 11, S. 897-898.

/24/   Wallquist, G.: Der Einfluß verschiedener Faktoren auf
       die Umformung beim Warmwalzen. Jernkont. Ann. 153
       (1969), S. 5-32.

/25/   Weber, K.-H.: Der Warmtorsionsversuch und seine Aussa-
       gen über das Umformverhalten der Stähle bei höheren
       Temperaturen. Freiberger Forschungsheft B 143. Leip-
       zig: VEB Deutscher Verlag für Grundstoffindustrie
       1969.

/26/   Schmidt, W.: Untersuchung des Formänderungsverhaltens
       hochwarmfester Werkstoffe mit Warmtorsionsversuchen.
       Bänder Bleche Rohre 11 (1970) 10, S. 528-536.

/27/   Vater, M.; Lienhart, A. Einfluß der Probenabmessungen
       auf das Formänderungsvermögen beim Zug-, Stauch- und
       Torsionsversuch. Draht 23 (1972) 10, S. 629-637.

/28/   Kortmann, J.: Ermittlung des Umformverhaltens von Alu-
       miniumlegierungen im Torsionsversuch. Neue Hütte,   22
       (1977) 7, S. 371-375.

/29/   Romashov, V.K.; Suyarov, D.I.:Izv.Vyssh.Uchebn. Zaved.
       Chernaya Metal., (1969) 8, S. 99-101.

/30/   Nicholas, Th.: Strain-rate and Strain-rate-history Ef-
       fects in Several Metals in Torsion. Experimental Me-
       chanics, August (1971), S. 370-374.

/31/   Papsdorf, P.: Beitrag zur Untersuchung des Entfesti-
       gungsverhaltens mikrolegierter Baustähle beim Warmum-
       formen. Freiberger Forschungsheft B 183, S. 82-166,
       Leipzig: VEB Deutscher Verlag für Grundstoffindustrie
       1975.

/32/   Pöhlandt, K.; Tekkaya, A.E.; Lach, E.: Torsion Test on
       Solid and Tubular Specimens for Testing the Plastic
       Behaviour of Metal. Arch. Eisenhüttenwes. 55 (1984) 4,
       S.149-160.

/33/   Sautter, W.; Kochendörfer, A.; Dehlinger, U.: Über die
       Gesetzmäßigkeiten der plastischen Verformung von Me-
       tallen unter einem mehrachsigen Spannungszustand (Teil
       II). Z. Metallkde. 44 (1953) 12, S. 533-565.

/34/   Frobin, R.: Grundlagen zur Aufnahme von Fließkurven.
       Fertigungstechnik und Betrieb, 15 (1965) 8, S. 550-
       554.

/35/   Siebel, E.; Schwaigerer, S.: Zur Mechanik des Zugver-
       suches. Arch. Eisenhüttenwes. 19 (1948), S.145-152.

/36/   Reihle, M.: Verfahren zur Ermittlung der Fließkurve
       von Stahl aus der Gleichmaßdehnung und der Zugfestig-
       keit. Blech Rohre Profile 8 (1961) 11, S. 828-833.

/37/ Nadai, A.: Theory of the Flow and Fracture of Solids.
New York: McGraw Hill 1950.

/38/ Krause, U.: Vergleich verschiedener Verfahren zum Bestimmen der Formänderungsfestigkeit bei Raumtemperatur. Stahl und Eisen 83 (1963) 25, S. 1626-1640.

/39/ Witzel, W.; Haeßner, F.: Zur Vergleichbarkeit von
Werkstoffzuständen nach Dehnen, Stauchen und Tordieren. Z. Metallkde. 78 (1987) 5, S. 316-323.

/40/ Stüwe, H.P.; Turck, H.: Zur Messung von Fließkurven im
Torsionsversuch. Z. Metallkde. 55 (1964), S. 699-703.

/41/ VDI-Richtlinie 3200 Bl.2: Fließkurven metallischer
Werkstoffe, Stahlwerkstoffe. Düsseldorf: VDI-Verlag
1982.

/42/ VDI-Richtlinie 3200 Bl.3: Fließkurven metallischer
Werkstoffe, Nichteisenmetalle. Düsseldorf: VDI-Verlag
1982.

/43/ Diether, U.: Fließpressen von Stahl im Temperaturbereich 773 K (500°C) bis 1073 K (800°C). Berichte aus
dem Institut für Umformtechnik Nr. 54, Universität
Stuttgart. Berlin, Heidelberg, New York: Springer
1980.

/44/ Rastegaev, M.V.: Neue Methode der homogenen Stauchung
von Proben zur Bestimmung der Fließspannung und des
Koeffizienten der inneren Reibung (russ.), Yav. Lab.
(1940), S. 354.

/45/ Reiss, W.: Untersuchung von Werkstoffeigenschaften
nach makroskopisch homogener Stauchung.
HGF-Kurzbericht Nr. 85/79. Essen: Girardet 1985.

/46/ Pöhlandt, K.: Beitrag zur Aufnahme von Fließkurven bei hohen Umformgraden, Seminar "Neuere Entwicklungen in der Massivumformung", Forschungsgesellschaft Umformtechnik mbH, Stuttgart, 26./27. 6. 1979.

/47/ Pöhlandt, K.; Tekkaya, A.E.: Der Torsionsversuch zur Aufnahme von Fließkurven unter Berücksichtigung des Einflusses der Umformgeschwindigkeit. Z. Metallkde. 76 (1985) 2, S. 108-114.

/48/ Pöhlandt, K.; Tekkaya, A.E.: Der Torsionsversuch zur Aufnahme von Fließkurven unter Berücksichtigung des Einflusses der Umformgeschwindigkeit. Umformtechnik 84 Festschrift zum 65. Geburtstag von Prof.Dr.-Ing. K. Lange, Stuttgart 1984.

/49/ Pöhlandt, K.; Tekkaya, A.E.: Torsion Testing- Plastic Deformation to High Strains and High Strain-Rates. Materials Science and Technology 11 (1985) 1, S.972-977.

/50/ Lach, E.; Pöhlandt, K.: Prüfung des plastischen Verhaltens metallischer Werkstoffe im Torsionsversuch. Draht 33 (1982) 11, S. 689-693.

/51/ Witzel, W.: Warmtorsionsversuche mit Reinaluminium (Teil 1). Aluminium 58 (1982) 10, S. 588-592.

/52/ Pöhlandt, K.: Beitrag zur Optimierung der Probengestalt und zur Auswertung des Torsionsversuches. Dr.-Ing. Diss., TU Braunschweig 1977.

/53/ Lach, E.; Pöhlandt, K.: Testing the Plastic Behaviour of Metals by Torsion of Solid and Tubular Specimens. J: Mech.Working Technol. 9 (1984), S. 67-80.

/54/ Robiller, G.; Meyer, L.; Gies, C.: Eignung des Torsionsversuches zur Simulation des thermomechanischen
Walzens und Nachweis der mechanischen Eigenschaften.
Stahl und Eisen 107 (1987) 4, S. 159-164.

/55/ Oktakara, Y.; Nakamura, T.; Sakui, S.: Trans. ISIJ 12
(1972) 1, S. 36-44.

/56/ Pöhlandt, K.: Testing Strain-Rate-Sensitive Materials
in the Torsion Test. Materialprüf. 22 (1980) 10, S.
399-406.

/57/ Pöhlandt, K.: Weiterentwicklung des Torsionsversuches
zur Aufnahme von Fließkurven. HGF-Kurzbericht Nr.
79/38, Essen: Giradet 1979.

/58/ Hertel, J.: Ein Modell der dynamischen Erholung bei
Warmumformung (Teil I). Z. Metallkde. 71 (1980) 11, S.
735-739.

/59/ Doege, E.; Meyer-Nolkemper, H.; Saeed, F.: Fließkurvenatlas metallischer Werkstoffe. München: Hanser
1986.

/60/ Akeret, R.; Künzli, A.: Ermittlung der Formänderungsfestigkeit k_f von Aluminiumlegierungen mit Hilfe von
Torsionsversuchen und Vergleich der Ergebnisse mit
denjenigen von Strangpreßversuchen. Z. Metallkde. 57
(1966) 11, S. 789-792.

/61/ Vanovsek, W; Trenkler, H.: Neuere Untersuchungen an
einer Warmtorsionsanlage. Berg- und Hüttenmännische
Monatshefte 122 (1977) 9, S. 397-408.

/62/ Frobin, R.; Pfrogner,F. Fertigungstechn. u. Betrieb 30
(1980) 10, S. 599-602.

/63/ Witzel, W.: Inhomogene Verformung aufgrund von Textur-
     änderungen. Z. Metallkde. 69 (1978), S. 337-343.

/64/ Grabianowski, A.; Kurowski, M.: Plastic Instability in
     a Torsion Test Below the Limit of Uniform Straining.
     Z. Metallkde. 79 (1988) 11, S. 735-740.

/65/ Ortner, B.; Stüwe, H.-W.: Dynamische Rekristallisa-
     tion. Warmumformung und Warmfestigkeit. Symp. Bad Nau-
     heim 1975, Deutsche Gesellschaft für Metallkunde
     (DGM), Oberursel 1976.

/66/ Bernstein, M.L.; Hensger, K.-E.: Strukturveränderungen
     bei der Warmverformung als Grundlage der Verfesti-
     gungsmechanismen bei der thermomechanischen Behand-
     lung, Teil 1. Neue Hütte 18 (1973) 4, S. 193-200.

/67/ Hensger, K.-E.: Dynamische Realstrukturprozesse bei
     Warmumformung. Freiberger Forschungsheft B 232. Leip-
     zig: VEB Deutscher Verlag für Grundstoffindustrie
     1982.

/68/ Hardwick, D.; Mc G. Tegart, W.J.: La Déformation des
     Métaux et Alliages par Torsion à haute Température.
     Mém. sci. Rev. Metallurg. 58 (1961) 11, S. 869-880.

/69/ Robbins, J.L.; Wagenaar, H.; Shepard, O.C.; Sherby,
     O.D.: Torsion Testing as a Means of Assessing Ducti-
     lity at High Temperatures. Journal of Materials, 2
     (1967) 2, S. 271-299.

/70/ (Hrsg.) Lange, K.: Lehrbuch der Umformtechnik, Band 2,
     2. Aufl., Massivumformung. Berlin, Heidelberg, New
     York, Tokyo: Springer 1988.

/71/ Nerger, D.; Reinbold, H.: Formänderungsvermögen und Umformspannungen hochlegierter Stähle bei der Primärim Vergleich zur Sekundärumformung im Warmformgebungsbereich. Freiberger Forschungsheft B 208, Leipzig: VEB Deutscher Verlag für Grundstoffindustrie 1979.

/72/ Langerweger,J.; Trenkler, H.: Über die Prüfung der Warmverformbarkeit von Stählen im Torsionsversuch. Berg- und Hüttenmännische Monatshefte 112 (1967) 1, S. 20-23.

/73/ Vater, M.; Lienhart, A.: Abhängigkeit des Formänderungsvermögens metallischer Werkstoffe vom Spannungszustand bei unterschiedlich hoher Temperatur und Formänderungsgeschwindigkeit. Bänder Bleche Rohre 13 (1972), S. 387-395.

/74/ Stenger, H.: Über die Abhängigkeit des Formänderungsvermögens metallischer Werkstoffe vom Spannungszustand. Dr.-Ing.-Diss. TH. Aachen 1965.

/75/ Shrivastava, S.C.; Jonas, J.J.;Canova, G.: Equivalent Strain in Large Deformation Torsion Testing. Theoretical and Practical Considerations. J. Mech. Phys. Solids 30 (1982) 1/2, S. 75-90.

/76/ Strassburger, C.; Müschenborn, W.; Robiller, G.: Prüfverfahren zur Ermittlung der Kaltumformbarkeit. In: "Neuzeitliche Verfahren der Werkstoffprüfung". Düsseldorf: Verlag Stahleisen mbH 1973.

/77/ Pöhlandt, K.: Stauchversuch zur Ermittlung von Fließkurven nach Rastegaev. HGF-Kurzbericht 79/26, Essen: Giradet 1979.

/78/ Kopp, R.; de Souza, M.; Rogall, C.-M.: Influence of Flow Stress Accuracy on the Results of Metal Forming Processes. Steel research 59 (1988) 1, S. 25-30.

/79/ (Hrsg.) Deutsche Gesellschaft für Metallkunde (DGM):
Atlas der Kaltformgebungseigenschaften von Nichteisen-
metallen. Oberursel: DGM 1987.

A   <u>Anhang</u>

Im folgenden wird die Schubspannung in Abhängigkeit vom Drehmoment und des "kritischen Radialabstandes" einer Hohlprobe für den allgemeinen Fall eines von Gleichung (1) abweichenden Verlaufs der Fließkurve berechnet.

Gleichung (19) in (6) eingesetzt ergibt

$$M(a,a_1,\gamma_a,\dot{\gamma}_a) = 2\pi \int_{a_1}^{a} \tau_0(\gamma,\dot{\gamma})(1+f(\gamma,\dot{\gamma}))r^2 \, dr \tag{A 1}$$

Mit Gleichung (15) in **(A 1)** folgt

$$M(a,a_1,\gamma_a,\dot{\gamma}_a) = 2\pi C \gamma^n \dot{\gamma}^m \int_{a_1}^{a} (1+f(\gamma,\dot{\gamma}))r^2 \, dr \tag{A 2}$$

Gleichung (22) und (23) in **(A 2)** eingesetzt führt zu

$$M(a,a_1,\gamma_a,\dot{\gamma}_a) = 2\pi C \gamma_a^n \, \dot{\gamma}_a^m (1+\bar{f}(\gamma_a,\dot{\gamma}_a,\gamma_{a_1},\dot{\gamma}_{a_1})) \tag{A 3}$$

$$\int_{a_1}^{a} r^2 \left(\frac{r}{a}\right)^n \left(\frac{r}{a}\right)^m dr$$

Mit Gleichung (17) folgt

$$M(a,a_1,\gamma_a,\dot{\gamma}_a) = 2\pi C \, \gamma_a^n \, \dot{\gamma}_a^m \, \frac{1}{a^p} \, (1+\bar{f}(\gamma_a,\dot{\gamma}_a,\gamma_{a_1},\dot{\gamma}_{a_1})) \tag{A 4}$$

$$\int_{a_1}^{a} r^{2+p} dr$$

integriert

$$M(a,a_1,\gamma_a,\dot{\gamma}_a) = 2\pi C\,\gamma_a^n\,\dot{\gamma}_a^m\,\frac{1}{a^p}\,(1+\bar{f}(\gamma_a,\dot{\gamma}_a,\gamma_{a_1},\dot{\gamma}_{a_1})) \qquad \text{(A 5)}$$

$$(a^{3+p}-a_1^{3+p})\frac{1}{3+p}$$

Mit Gleichung (18) folgt

$$M(a,a_1,\gamma_a,\dot{\gamma}_a) = \frac{2\pi C}{3+p}\,\frac{a^{3+p}}{a^p}\,\gamma_a^n\,\dot{\gamma}_a^m\,j_3(1+\bar{f}(\gamma_a,\dot{\gamma}_a,\gamma_{a_1},\dot{\gamma}_{a_1})) \qquad \text{(A 6)}$$

Gleichung (16) in (A 6) eingesetzt ergibt

$$M(a,a_1,\gamma_a,\dot{\gamma}_a) = M_0(a,a_1,\gamma_a,\dot{\gamma}_a)(1+\bar{f}(\gamma_a,\dot{\gamma}_a,\gamma_{a_1},\dot{\gamma}_{a_1})) \qquad \text{(A 7)}$$

Hierin ist

$$\bar{f}(\gamma_a,\dot{\gamma}_a,\gamma_{a_1},\dot{\gamma}_{a_1}) = \frac{\displaystyle\int_{\gamma_{a_1}}^{\gamma_a} f(\gamma_p,\dot{\gamma}_p)\,\gamma_p^{2+p}\,d\gamma_p}{\displaystyle\int_{\gamma_{a_1}}^{\gamma_a} \gamma_p^{2+p}\,d\gamma_p} \qquad \text{(A 8)}$$

Berechnung des Integrales mit

$$\gamma_a = a\,\frac{v}{l} \quad \text{und} \quad \gamma_{a_1} = a\,\frac{v}{l}$$

$$\dot{\gamma}_a = a\,\frac{\dot{v}}{l} \quad \text{und} \quad \dot{\gamma}_{a_1} = a\,\frac{\dot{v}}{l} \qquad \text{(A 9)}$$

Unteres Integral

$$\int_{\gamma_a}^{\gamma_{a_1}} \gamma_p^{2+p}\,d\gamma_p = \left(\frac{1}{3+p}\,\gamma_p^{3+p}\right)\Big|_{\gamma_{a_1}}^{\gamma_a} = \frac{1}{3+p}\left(\gamma_a^{3+p} - \gamma_{a_1}^{3+p}\right) \qquad \text{(A 10)}$$

Gleichung **(A 9)** in **(A 10)** eingesetzt ergibt

$$\int_{\gamma_a}^{\gamma_{a_1}} \gamma_p^{2+p}\, d\gamma_p = \frac{1}{3+p}\left(a\,\frac{\ell}{l}\right)^{3+p}\left(1 - \left(\frac{a_1}{a}\right)^{3+p}\right) = \frac{1}{3+p}\left(a\,\frac{\ell}{l}\right)^{3+p} j_3 \qquad \text{(A 11)}$$

Oberes Integral

$$\int_{\gamma_{a_1}}^{\gamma_a} \Bigg(f(\gamma_a,\dot\gamma_a) + (\gamma_p-\gamma_a)\,\frac{\partial f}{\partial\gamma}\Big|_{\gamma_a} + (\dot\gamma_p-\dot\gamma_a)\,\frac{\partial f}{\partial\dot\gamma}\Big|_{\dot\gamma_a} \qquad\qquad \text{(A 12)}$$

$$+\ \frac{1}{2}(\gamma_p-\gamma_a)^2\frac{\partial^2 f}{\partial\gamma^2}\Big|_{\gamma_a} \ +\ (\gamma_p-\gamma_a)(\dot\gamma_p-\dot\gamma_a)\,\frac{\partial^2 f}{\partial\gamma\,\partial\dot\gamma}\Big|_{\gamma_a,\dot\gamma_a}$$

$$+\ \frac{1}{2}(\dot\gamma_p-\dot\gamma_a)^2\,\frac{\partial^2 f}{\partial\dot\gamma^2}\Big|_{\dot\gamma_a} \Bigg)\ \gamma_p^{2+p}\, d\gamma_p$$

Folgende Abkürzungen werden eingeführt

$$c_1 = \frac{\partial f}{\partial\gamma}\Big|_{\gamma_a}$$

$$c_2 = \frac{\partial f}{\partial\dot\gamma}\Big|_{\dot\gamma_a}$$

$$c_3 = \frac{\partial^2 f}{\partial\gamma^2}\Big|_{\gamma_a}$$

$$\qquad\qquad\qquad\qquad\qquad\qquad\qquad\qquad \text{(A 13)}$$

$$c_4 = \frac{\partial^2 f}{\partial\gamma\,\partial\dot\gamma}\Big|_{\gamma_a,\dot\gamma_a}$$

$$c_5 = \frac{\partial^2 f}{\partial\dot\gamma^2}\Big|_{\dot\gamma_a}$$

Damit gilt

$$\int_{\dot{\gamma}_{a_1}}^{\dot{\gamma}_a} f(\gamma_a, \dot{\gamma}_a)\, \gamma_p^{2+p} d\gamma_p \; + \; \int_{\dot{\gamma}_{a_1}}^{\dot{\gamma}_a} c_1(\gamma_p - \gamma_a)\, \gamma_p^{2+p} d\gamma_p \qquad \text{(A 14)}$$

$$+ \int_{\dot{\gamma}_{a_1}}^{\dot{\gamma}_a} c_2(\dot{\gamma}_p - \dot{\gamma}_a)\, \dot{\gamma}_p^{2+p} d\dot{\gamma}_p \; + \; \int_{\gamma_{a_1}}^{\gamma_a} c_3 \tfrac{1}{2}(\gamma_p - \gamma_a)^2\, \gamma_p^{2+p} d\gamma_p$$

$$+ \int_{\dot{\gamma}_{a_1}}^{\dot{\gamma}_a} c_5 \tfrac{1}{2}(\dot{\gamma}_p - \dot{\gamma}_a)^2\, \dot{\gamma}_p^{2+p} d\dot{\gamma}_p \; + \; \int_{\gamma_{a_1}}^{\gamma_a} c_4(\gamma_p - \gamma_a)(\dot{\gamma}_p - \dot{\gamma}_a)\, \gamma_p^{2+p} d\gamma_p$$

Berechnung des ersten Integrales in (A 14)

$$= f(\gamma_a, \dot{\gamma}_a)\, \frac{1}{3+p}(\gamma_a^{3+p} - \gamma_{a_1}^{3+p}) \qquad \text{(A 15)}$$

$$= f(\gamma_a, \dot{\gamma}_a)\, \frac{1}{3+p}(a\, \tfrac{\ell}{l})^{3+p} j_3$$

Berechnung des zweiten Integrales in (A 14)

$$= c_1 \left(\int_{\gamma_{a_1}}^{\gamma_a} \gamma_p^{3+p}\, d\gamma_p \; - \; \gamma_a \int_{\gamma_{a_1}}^{\gamma_a} \gamma_p^{2+p}\, d\gamma_p \right) \qquad \text{(A 16)}$$

$$= c_1 \left(\frac{1}{4+p}(\gamma_a^{4+p} - \gamma_{a_1}^{4+p}) \; - \; \gamma_a \frac{1}{3+p}(\gamma_a^{3+p} - \gamma_{a_1}^{3+p}) \right)$$

$$= c_1 \left(\frac{1}{4+p}(a\, \tfrac{\ell}{l})^{4+p} j_4 \; - \; \gamma_a \frac{1}{3+p}(a\, \tfrac{\ell}{l})^{3+p} j_3 \right)$$

$$= c_1 \gamma_a \left(\frac{1}{4+p}(a\, \tfrac{\ell}{l})^{3+p} j_4 \; - \; \frac{1}{3+p}(a\, \tfrac{\ell}{l})^{3+p} j_3 \right)$$

Analog gilt für das dritte Integral in **(A 14)**

$$= C_2 \dot{\gamma}_a \left(\frac{1}{4+p} \left(a \, \frac{\dot{\ell}}{l} \right)^{3+p} j_4 - \frac{1}{3+p} \left(a \, \frac{\dot{\ell}}{l} \right)^{3+p} j_3 \right) \qquad\qquad \text{(A 17)}$$

Berechnung des vierten Integrales in **(A 14)**

$$= C_3 \, \frac{1}{2} \int\limits_{\gamma_{a_1}}^{\gamma_a} \left(\gamma_p^{4+p} - 2\gamma_p^{3+p} + \gamma_a^2 \gamma_p^{2+p} \right) d\gamma_p \qquad\qquad \text{(A 18)}$$

$$= C_3 \, \frac{1}{2} \left(\int\limits_{\gamma_{a_1}}^{\gamma_a} \gamma_p^{4+p} \, d\gamma_p - 2\gamma_a \int\limits_{\gamma_{a_1}}^{\gamma_a} \gamma_p^{3+p} \, d\gamma_p + \gamma_a^2 \int\limits_{\gamma_{a_1}}^{\gamma_a} \gamma_p^{2+p} \, d\gamma_p \right)$$

$$= C_3 \, \frac{1}{2} \left(\frac{1}{5+p} \left(\gamma_a^{5+p} - \gamma_a^{5+p} \right) - 2\gamma_a \, \frac{1}{4+p} \left(\gamma_a^{4+p} - \gamma_a^{4+p} \right) \right.$$

$$\left. + \gamma_a^2 \, \frac{1}{3+p} \left(\gamma_a^{3+p} - \gamma_a^{3+p} \right) \right)$$

$$= C_3 \, \frac{1}{2} \left(\frac{1}{5+p} \left(a \, \frac{\ell}{l} \right)^{5+p} j_5 - 2\gamma_a \, \frac{1}{4+p} \left(a \, \frac{\ell}{l} \right)^{4+p} j_4 \right.$$

$$\left. + \gamma_a^2 \, \frac{1}{3+p} \left(a \, \frac{\ell}{l} \right)^{3+p} j_3 \right)$$

$$= C_3 \, \frac{1}{2} \gamma_a^2 \left(\frac{1}{5+p} \left(a \, \frac{\ell}{l} \right)^{3+p} j_5 - 2\frac{1}{4+p} \left(a \, \frac{\ell}{l} \right)^{3+p} j_4 - \frac{1}{3+p} \left(a \, \frac{\ell}{l} \right)^{3+p} j_3 \right)$$

Analog gilt für das fünfte Integral in **(A 14)**

$$= C_5 \, \frac{1}{2} \dot{\gamma}_a^2 \left(\frac{1}{5+p} \left(a \, \frac{\dot{\ell}}{l} \right)^{3+p} j_5 - 2\frac{1}{4+p} \left(a \, \frac{\dot{\ell}}{l} \right)^{3+p} j_4 - \frac{1}{3+p} \left(a \, \frac{\dot{\ell}}{l} \right)^{3+p} j_3 \right)$$

$$\text{(A 19)}$$

Berechnung des sechsten Integrales (Doppelintegral) in (A 14), es wird vereinfacht vorausgesetzt

$$\gamma_p^2 \approx \gamma_p \dot\gamma_p$$

$$= C_4 \int\limits_{\gamma_{a_1}}^{\gamma_a} \int\limits_{\dot\gamma_{a_1}}^{\dot\gamma_a} (\gamma_p^2 - \dot\gamma_p \gamma_a - \gamma_p \dot\gamma_a + \gamma_a \dot\gamma_a)\, \gamma_p^{2+p}\, d\gamma_p\, d\dot\gamma_p$$

$$= C_4 \int\limits_{\gamma_{a_1}}^{\gamma_a} \int\limits_{\dot\gamma_{a_1}}^{\dot\gamma_a} (\gamma_p^{4+p} - \gamma_a \dot\gamma_p^{3+p} - \dot\gamma_a \gamma_p^{3+p} + \gamma_p^{2+p} \gamma_a \dot\gamma_a)\, d\gamma_p\, d\dot\gamma_p$$

$$= C_4 \int\limits_{\dot\gamma_{a_1}}^{\dot\gamma_a} \left(\frac{1}{5+p}(a\tfrac{\ell}{1})^{5+p} j_5 - \dot\gamma_a \frac{1}{4+p}(a\tfrac{\ell}{1})^{4+p} j_4 - \gamma_a \dot\gamma_p^{3+p} \right.$$

$$\left. + \gamma_a \dot\gamma_a \frac{1}{3+p}(a\tfrac{\ell}{1})^{3+p} j_3 \right) d\dot\gamma_p$$

$$= C_4 \left(\frac{1}{5+p}(a\tfrac{\ell}{1})^{5+p} j_5 - \dot\gamma_a \frac{1}{4+p}(a\tfrac{\ell}{1})^{4+p} j_4 - \gamma_a \frac{1}{4+p}(a\tfrac{\ell}{1})^{4+p} j_4 \right.$$

$$\left. + \gamma_a \dot\gamma_a \frac{1}{3+p}(a\tfrac{\ell}{1})^{3+p} j_3 \right)$$

$$= C_4 \gamma_a \dot\gamma_a \left(\frac{1}{5+p}(a\tfrac{\ell}{1})^{3+p} j_5 - \frac{1}{4+p} j_4 \left((a\tfrac{\ell}{1})^{3+p} + (a\tfrac{\ell}{1})^{3+p} \right) \right.$$

$$\left. + \frac{1}{3+p}(a\tfrac{\ell}{1})^{3+p} j_3 \right) \tag{A 20}$$

Gleichung (A 10), (A 15), (A 16), (A 17), (A 18), (A 19) und (A 20) in (21) eingesetzt ergibt

$$f(\gamma_a, \dot\gamma_a)\, \frac{\frac{1}{3+p}(a\tfrac{\ell}{1})^{3+p} j_3}{\frac{1}{3+p}(a\tfrac{\ell}{1})^{3+p} j_3} = f(\gamma_a, \dot\gamma_a) \tag{A 21}$$

und

$$\frac{C_1\dot\gamma_a\left(\dfrac{1}{4+p}\left(a\,\dfrac{\ell}{1}\right)^{3+p}j_4 - \dfrac{1}{3+p}\left(a\,\dfrac{\ell}{1}\right)^{3+p}j_3\right)}{\dfrac{1}{3+p}\left(a\,\dfrac{\ell}{1}\right)^{3+p}j_3} = C_1\dot\gamma_a\left(\frac{3+p}{4+p}\,\frac{j_4}{j_3}-1\right) \qquad (A\ 22)$$

Analog

$$= C_2\dot\gamma_a\left(\frac{3+p}{4+p}\,\frac{j_4}{j_3}-1\right) \qquad (A\ 23)$$

und

$$\frac{C_3\dot\gamma_a^2\,\dfrac{1}{2}\left(\dfrac{1}{5+p}\left(a\,\dfrac{\ell}{1}\right)^{3+p}j_5 - 2\dfrac{1}{4+p}\left(a\,\dfrac{\ell}{1}\right)^{3+p}j_4 + \dfrac{1}{3+p}\left(a\,\dfrac{\ell}{1}\right)^{3+p}j_3\right)}{\dfrac{1}{3+p}\left(a\,\dfrac{\ell}{1}\right)^{3+p}j_3}$$

$$= C_3\dot\gamma_a^2\,\frac{1}{2}\left(\frac{3+p}{5+p}\,\frac{j_5}{j_3} - 2\,\frac{3+p}{4+p}\,\frac{j_4}{j_3} + 1\right) \qquad (A\ 24)$$

Analog

$$= C_5\dot\gamma_a^2\,\frac{1}{2}\left(\frac{3+p}{5+p}\,\frac{j_5}{j_3} - 2\,\frac{3+p}{4+p}\,\frac{j_4}{j_3} + 1\right) \qquad (A\ 25)$$

und

$$\frac{C_4\dot\gamma_a\dot\gamma_a\left(\dfrac{1}{5+p}\left(a\,\dfrac{\ell}{1}\right)^{3+p}j_5 - \dfrac{1}{4+p}j_4\left(\left(a\,\dfrac{\ell}{1}\right)^{3+p}+\left(a\,\dfrac{\ell}{1}\right)^{3+p}\right) + \dfrac{1}{3+p}\left(a\,\dfrac{\ell}{1}\right)^{3+p}j_3\right)}{\dfrac{1}{3+p}\left(a\,\dfrac{\ell}{1}\right)^{3+p}j_3}$$

$$= C_4\dot\gamma_a\dot\gamma_a\left(\frac{3+p}{5+p}\,\frac{j_5}{j_3} - 2\,\frac{3+p}{4+p}\,\frac{j_4}{j_3} + 1\right) \qquad (A\ 26)$$

Gleichung (A 21), (A 22), (A 23), (A 24), (A 25) und (A 26) in (A 14) eingesetzt ergibt

$$\bar{f}(\gamma_p, \dot{\gamma}_p) \approx f(\gamma_a, \dot{\gamma}_a) + (C_1 \gamma_a + C_2 \dot{\gamma}_a)(\frac{3+p}{4+p} \frac{j_4}{j_3} - 1) \qquad \text{(A 27)}$$

$$+ \frac{1}{2}(C_3 \gamma_a^2 + 2C_4 \gamma_a \dot{\gamma}_a + C_5 \dot{\gamma}_a^2)(\frac{3+p}{5+p} \frac{j_5}{j_3} - 2 \frac{3+p}{4+p} \frac{j_4}{j_3} + 1)$$

Mit den Abkürzungen

$$g(\gamma_a, \dot{\gamma}_a) = C_1 \gamma_a + C_2 \dot{\gamma}_a \qquad \text{(A 28)}$$

$$h(\gamma_a, \dot{\gamma}_a) = C_3 \gamma_a^2 + 2\gamma_a \dot{\gamma}_a C_4 + C_5 \dot{\gamma}_a^2$$

folgt

$$\bar{f}(\gamma_p, \dot{\gamma}_p) \approx f(\gamma_a, \dot{\gamma}_a) - (1 - \frac{3+p}{4+p} \frac{j_4}{j_3}) g(\gamma_a, \dot{\gamma}_a) \qquad \text{(A 29)}$$

$$+ (1 - 2 \frac{3+p}{4+p} \frac{j_4}{j_3} + \frac{3+p}{5+p} \frac{j_5}{j_3}) \frac{1}{2} h(\gamma_a, \dot{\gamma}_a)$$

Für die Taylorreihe gilt allgemein

$$f(x,y) \approx f(x_0, y_0) + f_x(x_0, y_0)(x - x_0) + f_y(x_0, y_0)(y - y_0)$$

$$+ \frac{1}{2}f_{xx}(x_0, y_0)(x - x_0)^2 + f_{xy}(x_0, y_0)(x - x_0)(y - y_0)$$

$$+ \frac{1}{2}f_{yy}(x_0, y_0)(y - y_0)^2 \qquad \text{(A 30)}$$

Es folgt daraus mit den Abkürzungen (A 13)

$$\bar{f}(\gamma_p,\dot{\gamma}_p) \approx f(\gamma_a,\dot{\gamma}_a) + C_1(\gamma_p-\gamma_a) + C_2(\dot{\gamma}_p-\dot{\gamma}_a) + \tfrac{1}{2} C_3 (\gamma_p-\gamma_a)^2$$

$$+ C_4(\gamma_p-\gamma_a)(\dot{\gamma}_p-\dot{\gamma}_a) + \tfrac{1}{2} C_5(\dot{\gamma}_p,\dot{\gamma}_a)^2 \qquad \text{(A 31)}$$

Gleichung (22) und (23) in (24) eingesetzt ergibt

$$f(\gamma_p,\dot{\gamma}_p) \approx f(\gamma_a,\dot{\gamma}_a) + (\tfrac{r_p}{a} - 1)C_1\gamma_a + (\tfrac{r_p}{a} - 1)C_2\dot{\gamma}_a$$

$$+ \tfrac{1}{2}(\tfrac{r_p}{a} - 1)^2 C_3 \gamma_a^2 + (\tfrac{r_p}{a} - 1)^2 C_4 \gamma_a\dot{\gamma}_a$$

$$+ \tfrac{1}{2}(\tfrac{r_p}{a} - 1)^2 C_5 \dot{\gamma}_a^2 \qquad \text{(A 32)}$$

Mit den Abkürzungen (A 40)

$$B = (\tfrac{r_p}{a} - 1) \qquad \text{(A 33)}$$

folgt

$$f(\gamma_p,\dot{\gamma}_p) \approx f(\gamma_a,\dot{\gamma}_a) + B\, g(\gamma_a,\dot{\gamma}_a) + B^2 \tfrac{1}{2} h(\gamma_a,\dot{\gamma}_a) \qquad \text{(A 34)}$$

Der "kritische Radius" r_D wird nun so durch Koeffizientenvergleich der
Gleichungen (A 43) und (A 47) bestimmt, daß die linearen Glieder übereinstimmen.

$$B\, g(\gamma_a,\dot{\gamma}_a) = (\tfrac{3+p}{4+p} \tfrac{j_4}{j_3} - 1)\, g(\gamma_a,\dot{\gamma}_a) \qquad \text{(A 35)}$$

Mit der Abkürzung (A 33)

$$\frac{r_p}{a} - 1 = \frac{3+p}{4+p} \frac{j_4}{j_3} - 1 \qquad \text{(A 36)}$$

- 153 -

folgt für den kritischen Radius

$$\frac{r_p}{a} = \frac{3+p}{4+p} \frac{j_4}{j_3} \tag{A 37}$$

Für das nichtlineare Glied B^2 gilt

$$(\frac{3+p}{4+p} \frac{j_4}{j_3} - 1)(\frac{3+p}{4+p} \frac{j_4}{j_3} - 1) = ((\frac{3+p}{4+p})^2 (\frac{j_4}{j_3})^2 - 2 \frac{3+p}{4+p} \frac{j_4}{j_3} + 1) \tag{A 38}$$

Daraus folgt

$$B^2 \frac{1}{2} h(\gamma_a, \dot{\gamma}_a) = ((\frac{3+p}{4+p})^2 (\frac{j_4}{j_3})^2 - 2 \frac{3+p}{4+p} \frac{j_4}{j_3} + 1) \frac{1}{2} h(\gamma_a, \dot{\gamma}_a) \tag{A 39}$$

Für die gesuchte Funktion $f(\gamma_a, \dot{\gamma}_a)$ ergibt sich somit als zweite Näherung

$$f_2(\gamma_p, \dot{\gamma}_p) = f(\gamma_a, \dot{\gamma}_a) + D^* h(\gamma_a, \dot{\gamma}_a) \tag{A 40}$$

Die Bestimmung von D^* erfolgt durch Koeffizientenvergleich der Gleichungen
(A 31) und **(A 39)**

$$((\frac{3+p}{4+p})^2 (\frac{j_4}{j_3})^2 - 2 \frac{3+p}{4+p} \frac{j_4}{j_3} + 1) \frac{1}{2} \frac{1}{2} h(\gamma_a, \dot{\gamma}_a) \tag{A 41}$$

$$= \frac{1}{2} h(\gamma_a, \dot{\gamma}_a) \quad (\frac{3+p}{5+p} \frac{j_5}{j_3} - 2 \frac{3+p}{4+p} \frac{j_4}{j_3} + 1)$$

$$0 = \frac{1}{2} ((\frac{3+p}{4+p})^2 (\frac{j_4}{j_3})^2 - \frac{3+p}{5+p} \frac{j_5}{j_3}) = D^*$$

Unter der Voraussetzung $0 \leqslant p \leqslant 0,5$ und $a_1/a = 0,8$ gilt $D^* < 0,002$, so daß der zweite Summand in **(A 40)** oft vernachlässigt werden kann.

Gleichung (15) und (20) in (19) eingesetzt ergibt

$$\tau_2(\gamma_p, \dot{\gamma}_p) = C \gamma_p^n \dot{\gamma}_p^m \frac{M_i(a, a_1, \gamma_a, \dot{\gamma}_a)}{M_o(a, a_1, \gamma_a, \dot{\gamma}_a)} \tag{A 42}$$

Mit den Gleichungen (16), (17), (22), (23) und (25) folgt

$$\zeta_2(\gamma_p, \dot{\gamma}_p) = c\, \gamma_p^{\,n}\, \dot{\gamma}_p^{\,m}\, \frac{M(a, a_1, \gamma_a, \dot{\gamma}_a)(3+p)}{2\pi c\, a^3\, \gamma_a^{\,n}\, \dot{\gamma}_a^{\,m}\, j_3}$$

$$\zeta_2(\gamma_p, \dot{\gamma}_p) = c\left(\frac{r_p}{a}\right)^n \gamma_a^{\,n} \left(\frac{r_p}{a}\right)^m \dot{\gamma}_a^{\,m}\, \frac{M(a, a_1, {}_a, {}_a)\,(3+p)}{2\pi a^3\, c\, \gamma_a^{\,n}\, \dot{\gamma}_a^{\,m}\, j_3}$$

$$\zeta_2(\gamma_p, \dot{\gamma}_p) = \frac{M(a, a_1, \gamma_a, \dot{\gamma}_a)}{2\pi a^3} \frac{(3+p)}{j_3}\left(\frac{3+p}{4+p}\frac{j_4}{j_3}\right)^n\left(\frac{3+p}{4+p}\frac{j_4}{j_3}\right)^m$$

$$\zeta_2(\gamma_p, \dot{\gamma}_p) = \frac{M(a, a_1, \gamma_a, \dot{\gamma}_a)}{2\pi a^3} \frac{3+p}{j_3}\left(\frac{3+p}{4+p}\frac{j_4}{j_3}\right)^p$$

$$\zeta_2(\gamma_p, \dot{\gamma}_p) = \frac{M(a, a_1, \gamma_a, \dot{\gamma}_a)}{2\pi a^3} \frac{j_4^{\,p}}{j_3^{\,1+p}}\,(3+p)\left(\frac{3+p}{4+p}\right)^p \qquad\qquad \text{(A 43)}$$

Berichte aus dem Institut für Umformtechnik der Universität Stuttgart

Herausgeber Professor em. Dr.-Ing. Dr. h.c. Kurt Lange

Die Bände sind im Erscheinungsjahr und in den folgenden drei Kalenderjahren zu beziehen durch den örtlichen Buchhandel oder durch Lange & Springer, Otto-Suhr-Allee 26-28, 1000 Berlin 10.